おはなし科学・技術シリーズ

カーボンフットプリント
のおはなし

稲葉 敦 著

日本規格協会

まえがき

　カーボンフットプリントは 2007 年に英国で始まりました．スーパーマーケットなどで売られている商品のライフサイクル（原材料の調達から，その商品の製造，流通，使用，廃棄までの商品の一生のこと）における二酸化炭素（CO_2）を中心にした地球温暖化ガスの排出量を計算し，消費者に見せる「CO_2 の見える化」の方法です．

　消費者に CO_2 排出量が少ない商品を選んでもらうことで，社会全体の CO_2 を減らそうというこの活動は，世界各国で関心を呼び，現在では多くの国が様々な製品を対象に試行事業を行っています．

　もちろん，その商品の CO_2 排出量の計算方法を消費者に説明し，計算方法が違う商品の CO_2 排出量と直接比べられないようにしなければならないという問題や，そもそも，CO_2 排出量が少なければ製品の質が悪くてもよいのかという批判もあります．

　この本では，カーボンフットプリントの日本と世界の状況，実施の方法などを紹介し，カーボンフットプリントを消費者と生産者によってよりよいものにするために，どのような工夫がなされているかを解説しました．地球の温暖化を防ぐためには，生産者と消費者が共に地球温暖化ガスの排出量を少なくするように努力しなければなりません．その意味で，カーボンフットプリントは消費者と生産者を CO_2 排出量という情報でつなぎ，社会を「低炭素化」に導く道具であると思います．本書が，この道具をよりよいものにするために，そして，カーボンフットプリントを活用していくために，皆様のお役に立てば幸いです．

最後に，本書の執筆を勧めてくださった財団法人日本規格協会，ならびに，執筆にご助言をいただき，また本書を編集していただいた同協会伊藤朋弘氏に感謝申し上げます．
　2010 年 9 月

稲葉　敦

目　　次

まえがき

第1章　カーボンフットプリントって何ですか？
1.1　カーボンフットプリントとそのマーク　　9
1.2　CO_2排出と製品ライフサイクル　　11
1.3　なぜCO_2排出量を算出することが必要なのでしょうか？　　14
1.4　CO_2排出量の削減のために消費者ができること　　16
1.5　企業は環境のために何を行えばよいのでしょうか？　　17

第2章　日本ではどのような取組みを行っていますか？
2.1　経済産業省の試行事業　　25
2.2　プロダクトカテゴリールールとは　　28
2.3　カーボンフットプリントの試行事業の概要　　31
2.4　民間企業における取組み　　33

第3章　外国ではどのような取組みが行われていますか？
3.1　英国の取組み　　43
3.2　フランスの取組み　　45
3.3　その他の国の取組み　　46

第4章 カーボンフットプリントの基礎であるという LCA って何ですか?

4.1 製品ライフサイクルの分析　51
4.2 LCA の一般的方法　54
4.3 タイプⅢのエコラベル　70
4.4 LCA とカーボンフットプリントの相違　75

第5章 カーボンフットプリントはどのように計算されているのでしょうか?

5.1 ライフサイクルステージと1次データの収集,2次データの使用　80
5.2 原材料調達と製造段階の計算　87
5.3 流通・販売段階の計算　94
5.4 消費・使用・維持管理段階の計算　95
5.5 廃棄・リサイクル段階の計算　98
5.6 表示方法　99
5.7 カーボンフットプリントの計算例　100

第6章 我が国のカーボンフットプリント制度の今後の課題

6.1 計算と表示に関する課題　105
6.2 制度の運営にかかわる課題　115

第7章 国際的にはどのようなことが議論されているのでしょうか?

7.1 国際標準化の経緯　122
7.2 国際標準化における議論　124

第8章 おわりに

8.1 カーボンフットプリントが表示される商品群　131
8.2 カーボンフットプリントの様々な実施方法　132
8.3 カーボンフットプリントの背景——持続可能な消費　134

索　　引　137

カラム

カラム1　温室効果ガスと地球温暖化係数　20
カラム2　家電エコポイント制度　21
カラム3　家庭からの間接的なCO_2排出量　22
カラム4　エコプロダクツ展示会　41
カラム5　LCAの歴史と日本の活動　53
カラム6　配分の回避方法と製品バスケット法　61
カラム7　原単位　86
カラム8　製造段階と使用段階の比較　97
カラム9　ISO/TC 207の背景　129

第1章

カーボンフットプリントって何ですか？

1.1 カーボンフットプリントとそのマーク

ある商品が製造され廃棄されるまでの CO_2 排出量を計算すること，またはその計算された数値を「カーボンフットプリント」といいます．計算された数値の消費者への見せ方についてはまだ世界中で議論されている段階ですが，各国で様々な方法が試行されています．図 1.1 に示すマークが日本で行われている消費者にカーボンフットプリントの数値を見せるためのマークです．台秤の上皿の部分に示された CO_2 排出量がイメージされています．

このマークを用いて 2010 年 2 月に全国で販売されたニッポンハム (株) の商品を図 1.2 に，また，店舗と期間を限定して試行販売されたカルビー (株) のポテトチップスを図 1.3 に示します．2008 年度から始まった経済産業省が実施しているカーボンフットプリントの

図 1.1 カーボンフットプリントの公式マーク
（経済産業省 試行事業）

試行事業で認定された商品だけがこのマークを使うことができます.

図 1.4 に，英国で使われているカーボンフットプリントのマークを示します．カーボンフットプリントは 2007 年に英国で始まりま

2010 年 2 月に全国で販売されたニッポンハムの製品（左）と 2010 年 2 月にイオンで販売した時の説明（右）

図 1.2 日本のカーボンフットプリントの事例 1

2010 年 2 月にジャスコで店頭試行販売されたカルビーのポテトチップスとその説明

図 1.3 日本のカーボンフットプリントの事例 2

した．第3章で詳しく紹介しますが，その後に，フランスやスイス，韓国など世界の各国で，様々なマークを用いたそれぞれ特徴があるカーボンフットプリントの取組みが始まっています．この章では，カーボンフットプリントの概要とその意義について説明します．

 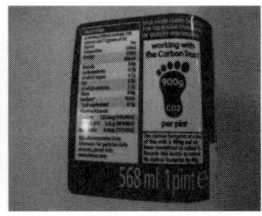 

左からウオーカー社のポテトチップス，テスコ社のミルク，テスコ社のトイレットペーパー．それぞれ，1商品当たり，1パイント（約0.5リットル）当たり，1シート当たりのCO_2排出量が表示されている．

図1.4 英国でのカーボンフットプリントの実施例

1.2 CO_2排出と製品ライフサイクル

地球温暖化の原因となるCO_2は，化石燃料と呼ばれる石炭や石油，天然ガスやそれらから作られたガソリンや重油，都市ガスなどの燃料の燃焼によって発生します．日本では，電気を発電するときに化石燃料を使うので，電気の使用は間接的にCO_2を排出していることになります．さらに，CO_2は化石燃料の燃焼によって発生するだけではなく，化石燃料を地球から掘り出す「採掘」や，日本の発電所まで運ぶ「輸送」によっても発生します．また，プラスチックは石油から作られるので，プラスチックを燃やすときにもCO_2は発生します．

CO_2 の排出量の増加と地球温暖化

　図1.2，図1.3のマークの上皿に書かれたCO_2排出量は，ポテトチップスであればジャガイモの生産である「原材料・部品の調達」から，ポテトチップスの「製造」，消費者が買うまでの「流通と販売」，「消費・使用・維持管理」，商品の「廃棄・リサイクル」の五つの段階での合計です．ジャガイモを育てるときに使用する肥料を工場で製造するときに使われる燃料の燃焼で発生するCO_2や，その工場での電気の使用によって間接的に排出されるCO_2は，「原材料・部品の調達」に含まれます．また，包装材料が製造されるときに排出されるCO_2も「原材料・部品の調達」に含まれます．使用後にプラスチックの包装材料が廃棄され燃やされるときに発生するCO_2は「廃棄」段階で計算されます．ポテトチップスの場合は，「消費・使用・維持管理」の段階は主として人が食べることなのでCO_2はほとんど発生しませんが，家電製品などでは使用中に消費される電気による間接的なCO_2排出量が計算されます．

　図1.5に，上記のカーボンフットプリントの計算方法の概念を示します．ジュースの原材料となる果物の栽培や缶の製造に伴うCO_2排出量は「原材料・部品の調達」段階として計算されます．次に缶

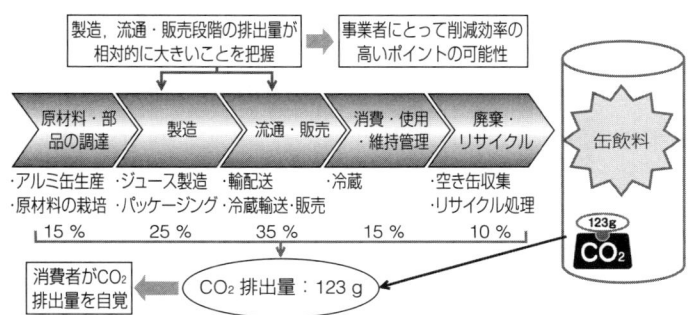

図 1.5 缶飲料を例にカーボンフットプリントで考える
ライフサイクルの概念
経済産業省作成の図[1] を基に作成,数字はすべて仮定.

ジュースの「製造」,「流通・販売」段階での CO_2 排出量が計算され,さらに家庭での冷蔵庫の使用などの「消費・使用・維持管理」段階と,缶の「廃棄・リサイクル」に伴う CO_2 排出量を加えた缶ジュースの全体の工程の CO_2 排出量の合計値がカーボンフットプリントとして表示されるのです.

このような,商品の原材料の生産から廃棄までの,その商品にかかわる全体の工程を,人間の一生になぞらえて商品の「ライフサイクル」といいます.言い換えると,カーボンフットプリントでは,商品のライフサイクル全体,すなわち「ゆりかごから墓場まで」の CO_2 排出量を計算します.

図 1.3 では,「原材料・部品の調達」と「製造」を合わせて「ざいりょう・つくる」とし,また,「流通・販売」を「はこぶ・はんばい」とし,さらに「消費・使用・維持管理」と「廃棄」をあわせて「たべる・すてる」として,全体の CO_2 排出量の中でのそれぞ

れの割合を，カーボンフットプリントの数値を示す台秤のマークの横に円グラフで示しています．この商品の CO_2 排出量はライフサイクル全体では 306g ですが，その半分以上が材料の調達と商品の製造であり，流通と販売の段階の CO_2 排出量もかなり大きいことがよくわかります．

以上のように，カーボンフットプリントは商品のライフサイクル全体の CO_2 排出量を計算します．CO_2 は主として化石燃料の燃焼で発生しますが，カーボンフットプリントでは化石燃料の燃焼による CO_2 の排出だけでなく，化石燃料の採掘や海外から日本の火力発電所，工場までの輸送による CO_2 排出量も合わせて計算します．

また，図 1.3 のように台秤の上皿に示された数値は，実は CO_2 だけの排出量ではありません．[カラム 1] に示すように，牛のゲップや水田から放出されるメタン（CH_4）や，散布される窒素肥料が原因となって畑から放出される亜酸化窒素（N_2O）も地球温暖化の原因になります．カーボンフットプリントでは，このような「温室効果ガス」の排出量もそれぞれ計算し，地球温暖化への影響度合いを考慮した「地球温暖化係数」を用いて CO_2 の排出量に換算します．これ以降，本書では簡単に表記するために，CO_2 以外の温室効果ガスの排出量を CO_2 排出量に換算した量も含めて「CO_2 排出量」と呼ぶことにします．

1.3 なぜ CO_2 排出量を算出することが必要なのでしょうか？

現在，地球を温暖化させないために，CO_2 排出量を少なくすることが求められています．今までは，商品の製造工場での燃料や電気の使用で排出される CO_2 の削減が強く求められていましたが，そ

れだけでは十分なCO_2排出量の削減にはならないと考えられるようになってきました．製品の輸送の段階のCO_2を少なくする努力は，食品分野では「フードマイレージ」として知られています．遠くから運ばれる食品は，輸送用のガソリンや軽油の消費で多くのCO_2が発生するので，消費者の近くで生産される食品を使うようにしようという「地産・地消」の活動が行われています．

カーボンフットプリントを実施することで，企業はこのような商品の輸送の効率化だけではなく，包装材料の軽量化や，原材料生産の管理などいわゆる「サプライチェーン」の「グリーン化」も含め，商品のライフサイクル全体を見渡したCO_2排出量の削減を考えることができます．さらに，例えばリサイクルを推進することで商品の使用後の廃棄物を少なくすることによるCO_2排出削減に向かうこともできます．カーボンフットプリントは，企業にとっては，商品のライフサイクルを管理するという新しい考え方を導入するきっかけになると考えられます．

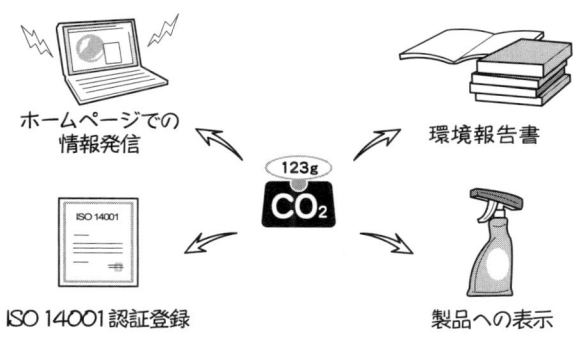

企業による製品のCO_2排出量の情報公開

1.4 CO_2 排出量の削減のために消費者ができること

このように,企業が CO_2 の排出削減の努力をすることはもちろん重要ですが,私たち消費者も生活での CO_2 排出量を少なくすることが求められています.従来から,使用していない部屋の消灯などの無駄を省くことや,自家用車の使用を避けバスや電車などの公共交通機関を使うことが推奨されてきました.最近では,効率のよい冷蔵庫やエアコンを購入することが［カラム 2］で示すように,「エコポイント制度」の導入で推奨されています.このようにエネルギーの使用に直接的に結びついている CO_2 排出量を削減することは,消費者にとっても比較的理解しやすいことですが,食品や日用品などが私たち消費者の手に渡るまで,また手から離れて廃棄処分されるまでに CO_2 が排出されていることに気づく人はまだそれほど多くありません.消費者に,日常で使う商品のライフサイクルでの CO_2 排出量を知らせること,すなわち「CO_2 の見える化」がまず重要です.

さらに,［カラム 3］に示すように,家庭での CO_2 排出量を削減するためには,家庭でのガスや電気のエネルギー使用を削減することによる CO_2 排出量の削減だけでなく,消費者がスーパーやコンビニで CO_2 排出量が少ない商品を選択することを進めることが今後ますます重要になると思われます.消費者が CO_2 排出量の少ない商品を選択するようになれば,さらに企業が CO_2 排出削減の努力をするようになるでしょう.カーボンフットプリントは,生産者(企業)と消費者(私たち)の連携による社会全体の CO_2 排出量の削減をねらった取組みということができます.

カーボンフットプリントは,まだ始まったばかりですが,その最初の一歩として企業が商品にカーボンフットプリントを表示する「CO_2

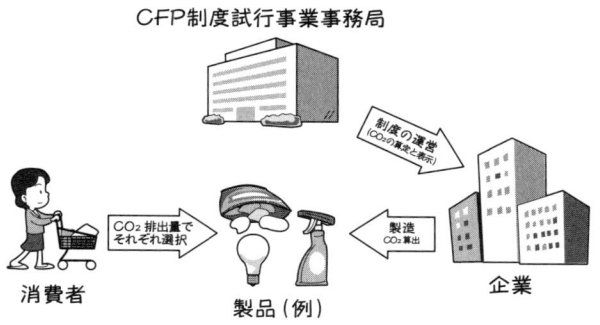

CO_2 排出量が少ないものを選ぶ消費者

の見える化」を進め，消費者がカーボンフットプリントを表示している商品を購入することで，その企業を応援することが必要です．

1.5 企業は環境のために何を行えばよいのでしょうか？

現在，数多くの企業が環境管理（マネジメント）の体制（システム）を企業の中に作り環境を守る活動を実施しています．そのための一つの基準を示した国際規格が ISO 14001:2004 です．この規格は JIS Q 14001:2004 として日本語に翻訳され，発行されています．

ISO 14001:2004 に示された環境マネジメントシステムは，Plan（計画），Do（実施及び運用），Check（点検および是正措置），Act（経営層による見直し）のいわゆる PDCA サイクルの繰返しで環境を守る活動を継続するシステムです．企業の事業所ごとに行われ，事業所内の電力消費や紙消費の削減，廃棄物の削減を通じて環境保全を進めることに役立ってきました．すなわち，電力，紙，廃棄物

などの削減によって事業所のCO_2排出量の削減に貢献してきたといえます.

カーボンフットプリントは,事業所内で実施されてきた環境マネジメントシステムを,事業所の外に拡張する活動ととらえることができます.例えば,カーボンフットプリントでは,事業所で生産される製品の使用段階や廃棄段階のCO_2排出量も考慮し,また,事業所で購入する資材や部品の製造段階でのCO_2排出量も考慮します.事業所が生産する製品に関係がある外部の活動を,ゆりかごから墓場まで調査し,それらのCO_2排出量をまとめたものがカーボンフットプリントであると考えることができます.

事業所内だけではなく企業が関与する事業所の外のCO_2排出量にも目を向ける活動が,近年世界的に盛んになって来ています.国際規格ISO 14064-1:2006「温室効果ガス－第1部:組織における温室効果ガスの排出量及び吸収量の定量化及び報告のための仕様並びに手引」にも企業の間接的なCO_2排出量として事業所外のCO_2排出量が取り上げられていますし,世界経済人会議(WBCSD)でも事業所内のCO_2排出量である「SCOPE 1」,電気などのエネルギー消費に伴うCO_2排出量である「SCOPE 2」に引き続き,購入資材や製品の使用に伴うCO_2排出量の算定方法が「SCOPE 3」[1]として議論されています.企業が,自分の企業内だけではなく,自らと関係があるのであれば,その外部のCO_2排出量も考慮するという考え方は世界の大きな流れであると考えることができます.

ところで,カーボンフットプリントの実際の計算では,事業所から複数の製品が生産されるときには,環境マネジメントシステムの実施で測定した事業所全体の電気消費量などをそれぞれの製品ごとに案分することが必要になります.このように,環境マネジメントシステムの実施で測定したデータそのものがカーボンフットプリン

トに直接使用できるとは限りません．しかし，環境マネジメントシステムの実施で収集したデータはカーボンフットプリントの計算の基礎として使用することができます．事業所の環境マネジメントシステムと製品のカーボンフットプリントは別のものとして考えられることがまだまだ多いのですが，将来はカーボンフットプリントの実施を意識した環境マネジメントシステムを構築することが効率的で有用といえます．

　また，環境活動を積極的に行う多くの企業は，環境マネジメントシステムの構築だけでなく，環境調和型製品開発，いわゆる「エコデザイン」にも取り組んでいます．エコデザインの分野では，再生素材など環境を考慮した素材の使用，製品の省エネルギー，リサイクル性に優れた分解しやすい製品の設計などが行われてきました．カーボンフットプリントは，これらの結果を CO_2 排出量として「見える化」するものということができます．

　さらに，環境調和型製品の購入が「グリーン購入」として世界的に進められていますが，製品の CO_2 排出量を開示するカーボンフットプリントをグリーン購入の基準にすることも将来考えられるかもしれません．

　事業所の環境マネジメントシステムの導入，製品のエコデザインなど企業が実施している様々な環境活動を，製品の CO_2 排出量の観点でまとめたものがカーボンフットプリントであるといえます．現在行われている企業の環境活動を製品を軸に考え，それらの実施のためのデータを効率的に整備していくという考え方が「企業の低炭素化」のために必要です．また，こうした活動を実施する企業を支援することが「社会の低炭素化」のために必要です．カーボンフットプリントは企業と消費者の環境活動をつなぐための，将来の重要な道具であると考えることができます．

引用・参考文献

1) 経済産業省:サプライチェーンを通じた組織の温室効果ガス排出量算定基準に関する動向について − GHG プロトコル「スコープ 3 基準」を中心に,2010 年 8 月
http://www.meti.go.jp/committee/materials2/data/g100621aj.html
2) 髙橋直人:「我が国におけるカーボンフットプリント制度と今後の方向について」,エコプロダクツ 2008 展示会併設カーボンフットプリントセミナー資料,2008 年 12 月 3 日
http://www.cms-cfp-japan.jp/common/files/3meti.pdf

●[カラム 1] 温室効果ガスと地球温暖化係数

大気中に存在するガスの中で,赤外線を吸収する能力をもっているガスは地球温暖化に影響を与えます.このようなガスを「温室効果ガス」といいます.CO_2(二酸化炭素),CH_4(メタン),N_2O(亜酸化炭素),O_3(オゾン)など,三つ以上の元素でできているガスや二つでも CO(一酸化炭素)のように異なる元素からできているガスは温室効果ガスです.O_2(酸素),N_2(窒素),Ar(アルゴン),Ne(ネオン)などは温室効果ガスではありません.

それぞれの温室効果ガスの地球温暖化へ与える影響力の強さを「地球温暖化係数」といいます.これは,それぞれのガスが熱を放射する力と大気中での分解されやすさ(存在時間)を考慮し,CO_2 との比較で表されます.この地球温暖化係数を使えば,それぞれの温室効果ガスの排出量を CO_2 相当量に換算することができます.この CO_2 相当量に換算された数値をカーボンフットプリントとして用います(詳細は第 4.2 節(3)を参照).

［カラム 2］家電エコポイント制度

　家電エコポイント制度は，地球温暖化の対策，経済の活性化及び地上デジタル対応テレビの普及を図るため，統一省エネラベル四つ星相当以上の「地上デジタル放送対応テレビ」，「エアコン」，「冷蔵庫」の購入者に「家電エコポイント」を与える制度です．家電エコポイントは，LED ランプなどの省エネルギー製品や，地域振興のための商品券などと交換可能です．2009 年 5 月 15 日以降に購入した製品が対象となっています．

　近年，家電製品は省エネルギー化が非常に進んでいるので，効率が悪い古い家電製品を使い続けるより，効率がよい新しい家電製品に買い換える方が，使用段階の CO_2 排出量は少なくなります．しかし，新しい製品を製造するときに排出される CO_2 が増加しているので，この増加量と使用段階での削減量を比較しなければ，正確な削減量を把握できません．

　カーボンフットプリントでは，製品のライフサイクルでの CO_2 排出量を計算するので，その普及により，家電エコポイント制度などの CO_2 削減効果をさらに定量的に表現することができるようになると期待されます．

統一省エネラベル

2010 家電エコポイント
対象製品告知ラベル

＊チャレンジ 25 のロゴマークは努めて併せて表示していただくものです。

[カラム3] 家庭からの間接的な CO_2 排出量

家庭から排出される CO_2 は，家庭での電気や都市ガスの使用，自動車の燃料消費などエネルギーを直接利用することに起因する排出と，家庭で購入する食品や日用品などを製造するとき，また鉄道やバスなどの公共交通機関や教育等のサービスを受けるときに排出されている間接的な排出に分けることができます．

産業技術総合研究所の研究によると[*]，直接的な CO_2 排出量は1日1人当たり7.4 kg，間接的な排出量は5.3 kg と計算されています．

家庭での CO_2 排出量を削減するために，今まで電気やガスの使用量をチェックする「環境家計簿」など家庭での直接使用するエネルギーを管理する活動が行われてきました．今後はそれに加えて，家庭で購入する商品や，家族の家外での活動である交通や娯楽などの間接的な CO_2 排出量を削減することが必要です．

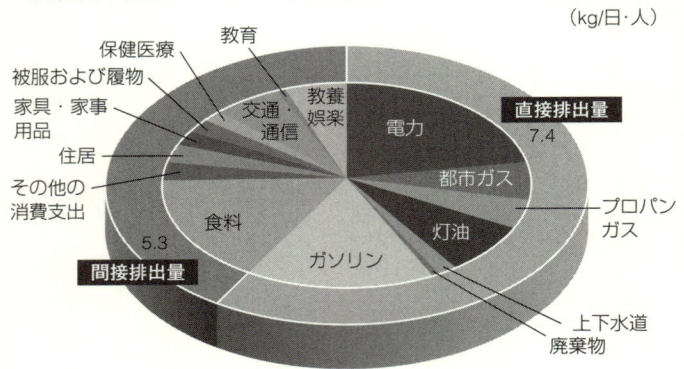

●消費者が利用するエネルギー，商品，サービスからの二酸化炭素排出量●
(kg/日・人)

そのためには，商品やサービスの CO_2 排出量を「見える化」し，消費者にわかりやすく伝えることが必要です[2].

[*] Ihara T, Motose R, Kurishima H, Kudoh Y.: Analysis of CO_2 emissions from daily life and consideration on the low carbon daily activities in Japan. Proceedings of the 4th International Conference on Life Cycle Management (LCM 2009), LCM community (2009)

第2章

日本ではどのような取組みを行っていますか？

　第3章で詳しく述べますが，2007年1月に英国でカーボンフットプリント付き商品の試行販売が始まりました．商品のライフサイクルでのCO_2排出量を商品に表示し，店頭で消費者に「見える化」するこの取組みは，英国では大手スーパーのテスコ社が，また2008年になってフランスでも大手スーパーのカジノ社が中心に取り組んでいたことから，日本でもイオンや西友，生活協同組合など大手の流通業者の大きな関心を引き起こしました．2008年の7月に第34回G8先進国首脳会議（洞爺湖サミット）を控えていた政府も大きな関心を寄せ，2008年6月9日に発表された当時の福田首相による宣言「福田ビジョン」の中で，「CO_2の見える化」の具体例としてカーボンフットプリントを政府が推進することを表明しました[1]．この章では，日本のカーボンフットプリントの活動を紹介します．

2.1 経済産業省の試行事業

　上述の福田ビジョンを受けて，経済産業省は，民間の企業がカーボンフットプリントを実施することができるようにするための試行事業をすぐに開始し，2008年7月に「カーボンフットプリント制度の実用化・普及推進研究会」と「CO_2排出量の算定・表示・評価に関するルール検討会（通称「ルール検討会」）」の二つの委員会を

経済産業省のカーボンフットプリント制度の
実用化・普及推進研究会の模様

立ち上げました．

　表2.1に示すように，前者には大手のスーパーマーケットやコンビニエンスストア，食品加工企業や日用品企業など30社が参加し，流通業者は自社のプライベートブランド商品のカーボンフットプリントを，また一般企業はそれぞれの主要な製品のカーボンフットプリントを計算する作業を開始しました．

　一方，後者はいわゆる有識者によって構成され，カーボンフットプリントの計算と表示方法の大原則を作る作業を開始しました．この両者の委員会は，企業による具体的な計算を進めながら，そこでの知見を計算方法の規則としてまとめるという相互に補完的な作業を約半年続けました．また，経済産業省は2008年7月にカーボンフットプリントの公式なマークを一般から公募し，第1章の図1.1に示した台秤をイメージしたマークの採用を決定しました．

　これらの活動の結果として，2008年12月に東京で開催された環

表 2.1 2008年度の経済産業省試行事業に参加した企業とその商品

企業名	製品	企業名	製品
コクヨファニーチャー(株)	オフィス用デスク・いす	日本テトラパック(株)	飲料用紙パック
コクヨS&T(株)	ノート，ファイル，のり	(株)丸井グループ	ビジネスシャツ
コクヨストアクリエーション(株)	陳列什器	ネスレ日本(株)	インスタントコーヒー
イオン(株)	米，野菜，電池	パナソニック(株)	電球形蛍光ランプ
日本生活協同組合連合会	食品用ラップフィルム	東芝ライテック(株)	電球形蛍光ランプ，電球形LEDランプ
(株)西友	掃除用品	カゴメ(株)	トマトジュース
ライオン(株)	歯磨き剤	サッポロビール(株)	缶ビール
(株)紀文フードケミファ	豆乳飲料	(株)ファミリーマート	ミネラルウォーター
中央化学(株)	食品容器	カルビー(株)	ポテトチップス
(株)シジシージャパン	緑茶飲料	大日本印刷(株)	包装容器
ユニ・チャーム(株)	紙オムツ	味の素(株)	冷凍食品
東洋製罐(株)	飲料用金属缶	日本ハム(株)	ハム，ウインナー，ピザ
日清食品(株)	インスタントラーメン	ユニー(株)	鶏卵，トイレットペーパー
(株)日清製粉グループ本社	乾麺	(株)セブン&アイ・ホールディングス	うどん
(株)ローソン	おにぎり	花王(株)	シャンプー

境展示会「エコプロダクツ 2008」で公式のカーボンフットプリントのマークを使って CO_2 排出量を表示した 30 社 53 商品が展示されました[2]．これが，日本のカーボンフットプリントの最初の計算事例です．さらに，カーボンフットプリントの消費者の反応を調べるために，これらの商品のうち，米，野菜，ワイシャツ，ビールなどが 2009 年 1 月から 3 月までの期間に，一部の店舗で試験的に販売されました．

ルール検討会が検討してきたカーボンフットプリントの計算と表示方法の大原則は，2009 年 3 月に「カーボンフットプリント制度のあり方（指針）」としてとりまとめられ，公表されました．また，この指針をさらに具体化し，すべての商品に適用する計算と表示の規則を明確に示した「商品種別算定基準策定基準」も 2009 年 2 月に経済産業省により定められました．後述するように，カーボンフットプリントでは商品の種類ごとに計算方法が定められます．「商品種別算定基準策定基準」は，どのような種類の商品でも共通に守るべき規則が書かれています．

上述の二つの文書は，2009 年 4 月に日本工業規格の標準仕様書（TS : Technical Specifications），TS Q 0010 : 2009「カーボンフットプリントの算定・表示に関する一般原則」としてまとめられ，発行されました．これが日本のカーボンフットプリントの規則を示す文書として世界の各国に紹介されています．

2.2 プロダクトカテゴリールールとは

日本のカーボンフットプリント制度の特徴は，商品の種類ごとにカーボンフットプリントを計算する規則である「商品種別算定基準」を定め，それに則ってそれぞれの企業が商品のカーボンフットプリ

ントを計算することです．たとえば，図 1.2 に示したハムは，「ハム・ソーセージ類」という名前の「商品種別算定基準」に示された方法でライフサイクル全体の CO_2 排出量が計算されています．図 1.3 に示したポテトチップスのカーボンフットプリントは「生ポテトチップス（契約栽培された国産馬鈴薯を使用した商品）」という「商品種別算定基準」によって計算されています．

これらの「商品種別算定基準」は一般にプロダクトカテゴリールール（PCR：Product Category Rule）と呼ばれ，上述した「商品種別算定基準策定基準」に反しないように定められます．この関係を図 2.1 に示します．それぞれの商品のカーボンフットプリントは，「カーボンフットプリント制度のあり方（指針）」と「商品種別算定基準策定基準」に合致するように定められる PCR に従って計算されるのです．また，実際の「商品種別算定基準」を「ハム・ソーセージ類」を例に図 2.2 に示します．この PCR にはハム・ソーセー

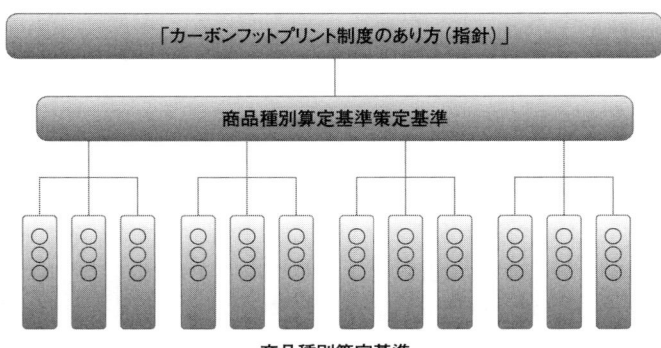

図 2.1 商品種別プロダクトカテゴリールール（PCR）の体系
経済産業省の資料[3] を基に作成

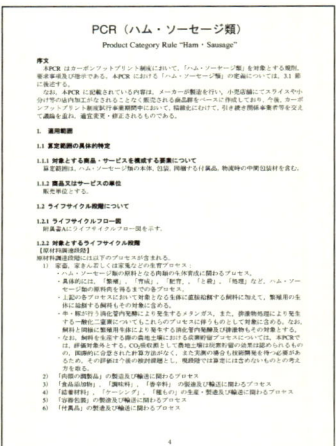

図 2.2 「ハム・ソーセージ類」の「商品別算定基準」

ジ類の製品のカーボンフットプリントの算定方法が書かれています.

カーボンフットプリント付きの商品がいくつか出回るようになることを考えると,同じような「ハム」なら同じ方法で計算されていないと,消費者はどちらが CO_2 排出量が少ないか判断できません.また企業にとっても,この統一された計算方法は,CO_2 排出量の削減に向けて公平な競争をする基準になります.プロダクトカテゴリールールは,消費者が CO_2 排出量を比較することを想定し,その公平性を保証するために必要な規則を定めるものと考えることができます.

逆に言うと,プロダクトカテゴリールールが異なる商品のカーボンフットプリントは,計算方法が異なるので比較できません.カーボンフットプリントの制度で重要なことは,公平性を守るために,

2.3 カーボンフットプリントの試行事業の概要

2008年度の活動をふまえて，2009年度からは経済産業省を中心とし関係省庁が協力して，それぞれの商品のプロダクトカテゴリールールを作成し，それに基づいて計算したカーボンフットプリントを商品に表示する試行事業が開始されました．図2.3にその事業実施の流れを示します．

この事業では，カーボンフットプリントを実施しようとする企業は，まずその商品のプロダクトカテゴリールールの作成を本事業の

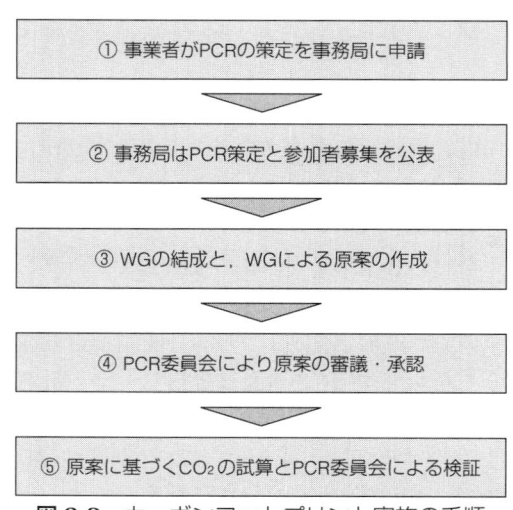

図2.3 カーボンフットプリント実施の手順

受託者である事務局［2009年度は(社)産業環境管理協会］に申請します．すると，事務局はこれを受けて，カーボンフットプリントのホームページ上にその申請を掲示し，また，関連すると考えられる工業会に通知するなどして，一緒にプロダクトカテゴリールールを作成する企業を募集します．この作業は，申請した企業のほかに，その商品のカーボンフットプリントを実施する企業がないか確認する作業です．申請した企業だけが有利になるプロダクトカテゴリールールにならないように，公正性を保つ重要な作業であるといえます．

　プロダクトカテゴリールールの作成に参加を希望する企業があれば，申請した企業と一緒にワーキンググループを作り，プロダクトカテゴリールールの原案を作成する作業を開始します．プロダクトカテゴリールールの作成に参加を希望する企業がなければ，申請した企業1社でプロダクトカテゴリールールの原案を作成することになります．

　プロダクトカテゴリールールの原案ができると，ワーキンググループは事務局内に設置された「プロダクトカテゴリールール委員会（通称 PCR 委員会）」にその承認を申請します．この委員会は，有識者や消費者で構成され，プロダクトカテゴリールールが企業の独善になっていないか審議します．この委員会でプロダクトカテゴリールールが承認されれば，企業は承認されたプロダクトカテゴリールールに基づいてカーボンフットプリントを計算します．さらに企業は，計算した結果を PCR 委員会に提出し，その計算が間違いがないか検証を受けます．この検証をパスした結果が商品に表示されます．

　上記の手順は，2009年度に試行された手順です．カーボンフットプリントを実施する企業の公平性を保ち，企業の独善にならない

ように有識者や消費者の意見も入れてプロダクトカテゴリールールを作成し，それに則ってカーボンフットプリントが計算されるように計画されています．しかし，手順が複雑で，委員会での審議にも相当な時間と費用がかかることから，さらに簡便で信頼性が高い方法を考えることが必要になっています．

2.4 民間企業における取組み

2009年10月に，図2.4に示すように，イオンがカーボンフットプリントの検証を受けた「うるち米（ジャポニカ米）」，「菜種油」，「衣料用粉末洗剤」の3商品のお歳暮用カタログ販売を開始しました．これがカーボンフットプリントの検証を受けた商品の日本最初の販売です．

また，2009年12月には，前年度に引き続き「エコプロダクツ2009」で，その時点で認証されていたPCRに基づいて計算された26社62商品が，数値自体は一部未検証であったものも含め，展示されました．展示した企業と商品を表2.2に，展示の様子を図2.5に示します．出典された商品を組み合わせて「家庭で」，「オフィスで」，「学校で」と場面構成ができるほど商品の範囲が広くなっています．

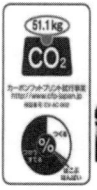

図2.4 イオン（株）の3商品

表 2.2 「エコプロダクツ 2009」で展示した企業とその商品

事業者名	展示品(一部)
富士フイルム(株)	平版印刷用 PS 版
コクヨS&T(株)	ファイル本体および替表紙
シャチハタ(株)	油性マーカー
(株)イトーキ	机と椅子
コクヨファニチャー(株)	椅子とパーテション
(株)サンケイ, 三惠工業(株)	折りたたみイス
アースサポート(株)	食品廃棄物を原料とした有機質の液体肥料
(株)チクマ	男子作業服(ブルゾン, ズボン), 女子事務服(ジャケット, ベスト, スカート), 男子小学生用制服(ジャケット, 半ズボン)
ミズノ(株)	ワーキングユニフォーム (ブルゾン, ポロシャツ)
九セラ(株), 朝日化工(株)	学校給食用食器 (汁椀, 深菜皿, 小鉢, マグ)
三信化工(株)	学校給食用食器 (トレイ, 箸, 飯碗, 汁椀, 仕切り皿), カップ&ソーサー
(株)岡村製作所	机と椅子
(株)アシックス	学校用体育衣料 (ジャケット, トレーニングパンツ)
カルビー(株)	ポテトチップス
亀田製菓(株)	米菓 (薄焼きせんべい)
カンロ(株)	飴
テルモ(株)	電子体温計
ネスレ日本(株)	カップコーヒー, ウェハース入りチョコレート
キーコーヒー(株)	インスタントコーヒー
味の素ゼネラルフーヅ(株)	カップコーヒー
イオン(株)	粉末洗剤, うるち米, 菜種油, パックごはん, 充電池(単三型)
立命館大学, イオン(株), JA北びわこ, (株)神明, 大和産業(株)	うるち米

（家庭）　　　　　　（オフィス）　　　　　　（学校）

図 2.5　「エコプロダクツ 2009」での展示

イオンはさらに，2010 年 1 月 15 日から滋賀県草津市内の「草津サティ」でカーボンフットプリントをパッケージに表示した米の販売を開始しました．これが，カーボンフットプリント付き商品の日本で初めての店頭販売になりました．その後，日本ハムが 2 月 1 日よりカーボンフットプリント付きウインナーとロースハムの全国での店頭販売を開始しました．さらに，これらに引き続き，カーボンフットプリント付き商品のカタログや店頭での販売が各所で始められるようになっています．

2009 年度の試行事業では，2010 年 3 月末までに 77 件のプロダクトカテゴリールールの作成が申請され，そのうち 45 件が承認されました．またそれらのプロダクトカテゴリールールに基づいて計算された 99 商品のカーボンフットプリントが検証されています．表 2.3 に承認された 45 件のプロダクトカテゴリールールを，それぞれのプロダクトカテゴリールールで検証された商品があるかないかも含めて示します．今後，これらのカーボンフットプリント付き商品がカタログや店頭で販売されると予想されます．

表 2.3 プロダクトカテゴリールールと

No.	認定 PCR の名称	カーボンフットプリントの検証を受けた事業者
1	うるち米（ジャポニカ米）	イオン(株)，立命館大学
2	菜種油	イオン(株)
3	衣料用粉末洗剤	イオン(株)，日本生活協同組合連合会
4	出版・商業印刷物（中間財）	
5	キャンデー（醤油で味付けした商品）	カンロ(株)
6	平版印刷用 PS 版	富士フイルム(株)
7	生ポテトチップス（契約栽培された国産馬鈴薯を使用した商品）	カルビー(株)
8	パックご飯	イオン(株)
9	ハム・ソーセージ類	日本ハム(株)
10	米菓（うすく焼きサラダ油掛けした商品）	亀田製菓(株)
11	オフィス家具	(株)岡村製作所，コクヨファーニチャー(株)
12	チョコレート（ウェハース入りチョコレート）	
13	インスタントコーヒー	ネスレ日本(株)
14	食品廃棄物を原料とした有機質の液体肥料	アースサポート(株)
15	ユニフォーム	(株)チクマ，(株)アシックス
16	電子体温計（抵抗体温計）	
17	食器（陶磁器製品および合成樹脂製品）	三信化工(株)
18	ファイル・バインダー	コクヨ S&T(株)，(株)キングジム
19	筆記具類	シャチハタ(株)

検証を受けた商品

No.	認定PCRの名称	カーボンフットプリントの検証を受けた事業者
20	一般照明用ランプ	
21	小形2次電池	
22	汎用鋼管杭	
23	花き	(有)メルヘンローズ
24	ポータルサイト・サーバ運営業におけるサービスの一種であるICTホスティングサービス	日本ユニシス(株)
25	無機性汚泥を原料とする再生路盤材	(株)ソイルマネージメントジャパン
26	日学用・事務用紙製品	
27	消火器	
28	紙製容器包装	
29	プラスチック製容器包装	
30	金属製容器包装	
31	ガラス製容器（中間財）	
32	野菜および果実	
33	平版印刷用PS版【改正版】	富士フイルム(株)
34	ユニフォーム【改正版】	(株)チクマ
35	荷役・運搬用プラスチック製平パレット	エム・エム・プラスチック(株)
36	即席めん	
37	電子黒板を用いた遠隔会議システム	
38	バナナ（生食用）	
39	リユースバッテリー(産業用鉛蓄電池)	
40	タオル製品	
41	廃棄物焼却処理・埋立処分(中間財)	

表 2.3（つづき）

No.	認定 PCR の名称	カーボンフットプリントの検証を受けた事業者
42	手すき和紙	
43	文具・事務用品（紙製品，ファイル・バインダー，筆記具類，オフィス家具を除く）	
44	紫外線水平照射型の空気清浄機	
45	ハム・ソーセージ類【改正版】	日本ハム（株）

(2009 年度の経済産業省の試行事業，2010 年 3 月末まで)

　2008 年度と 2009 年度に行われた経済産業省の試行事業の結果は，図 2.6 に示すカーボンフットプリントの公式ホームページで一般に公開されています[4]．ここで表 2.3 に示した承認されたプロダクトカテゴリールールや検証を受けた商品の詳細を調べることができます．

　また，2009 年 9 月には，民間の活動として「カーボンフットプリント日本フォーラム」が設立されました[5]．図 2.7 にホームページを示します．年会費 1,000 円を払えば誰でも参加することができ，カーボンフットプリントに関する活動の紹介を受けることができます．カーボンフットプリントは消費者と企業の連携によって社会全体の CO_2 を削減することを目的とした制度です．企業だけではなく，消費者を含めた「カーボンフットプリント日本フォーラム」の活動が期待されます．

2.4 民間企業における取組み

図 2.6 「カーボンフットプリント試行事業」のホームページ

図 2.6 「カーボンフットプリント日本フォーラム」のホームページ

引用・参考文献

1) 石原慎太郎 (2008)：カーボンフットプリント制度による環境負荷の「見える化」，環境管理，Vol.44, No.12, pp.1091-1096
2) 稲葉敦 (2009)：カーボンフットプリントの現状と展望，日本 LCA 学会誌，Vol.5, No.2, pp.220-228
3) 稲葉敦：カーボンフットプリントの日本の活動 – PCR のアプローチ，経済産業省主催「カーボンフットプリント国際ワークショップ」資料，2010 年 2 月 8 日
   http://www.cfp-japan.jp/event/workshop.html
4) カーボンフットプリントの試行事業ホームページ：
   http://www.cfp-japan.jp/
5) カーボンフットプリント日本フォーラムホームページ：
   http://www.cfp-forum.org/

●［カラム 4］エコプロダクツ展示会

　エコプロダクツ展示会は，(社)産業環境管理協会と日本経済新聞社が主催となって，毎年 12 月に東京ビッグサイトで開催されている環境配慮型製品やサービスに関する展示会です．経済産業省，環境省，厚生労働省，農林水産省，国土交通省が後援しています．

　1999 年に初めて開催されたときは，出展企業が 274 社，来場者数 4.7 万人でしたが，2009 年には約 750 社が出展し，来場者も約 17 万人という日本の最大規模の環境展になっています．環境活動を行っている NPO 法人や大学なども出展しています．また，幼稚園児や小学生の見学も積極的に受け入れ，環境教育の役割も果たしています．

第 3 章

外国ではどのような取組みが行われていますか？

　カーボンフットプリントは 2007 年に英国で，2008 年にフランスで試行が始まりました．その後世界各国に広がっています．この章では，世界の取組みを紹介します[1),2)]．

3.1 英国の取組み

　第 1 章で述べたように，英国では 2007 年に政府出資によるカーボントラスト社[3)]が大手スーパーであるテスコなど 20 社の協力を得て，合計 75 品目についての試行プロジェクトを開始しました．この試行プロジェクトの経験を生かして，2008 年 10 月にカーボントラスト社，英国規格協会（BSI），環境食糧農林省（DEFRA）が協働でカーボンフットプリントの計算ルールを示した「PAS 2050」[4)]を発表しています．この文書は，英国国内の規格に相当する文書で，世界に先駆けてカーボンフットプリントの計算ルールを文書化したものとして，後述する国際規格の議論や，各国の試行プロジェクトに大きな影響を与えています．

　英国のカーボンフットプリントは，CO_2 排出量を表示することにより温室効果ガスの排出を削減することが目的であると明言されており，企業がその製品の CO_2 排出量をどれだけ削減するかを検討し，それを表示するための規則を示す文書[5)]が同時に発表されています．この試行プロジェクトに加わっているテスコ社は，最近では

英国で最初のカーボンフットプリント商品となったウォーカーズ社のポテトチップス．

図 3.1 英国の実施例

プライベートブランド 500 商品にカーボンフットプリントを表示する計画を発表しています[6]．

また，英国では，最近は数値を表示しないマークを商品に表示することも行われています[7], [8]．CO_2 排出量の数値を表示することにこだわらず，CO_2 排出削減を約束した商品にカーボンフットプリントのマークを表示することを許す新しい方法です．英国では CO_2 排出削減を目的としているので，それが果たせれば数値を示す必要がないと考えているものと理解できますが，同時に，後述するように，また日本でも見られるように，数値情報を商品に直接表示することに企業が強い躊躇を示しているからだと見ることもできます．

英国の実施方法は，それぞれの商品ごとにプロダクトカテゴリールールを定めずに，どのような商品でも PAS 2050 に従って CO_2 排出量を算定することが特徴的です．すなわち，どのような商品でも守らなければならない共通の計算ルールだけ定めておいて，細か

な計算方法はカーボンフットプリントを実施する企業に任されているのです．CO_2 排出量を削減することを目的としているので，同一の商品の削減率を知ることができればよいと考えているように思われます．まだ複数の会社が同一種の製品のカーボンフットプリントを実施する例がないので，大きな問題にはなっていませんが，同一種の商品についてそれぞれの企業が独自の計算ルールでカーボンフットプリントを計算することもあり得ると考えられます．このことも数値を表示しないマークが実施されるようになった原因の一つかもしれません．

3.2　フランスの取組み

　フランスでは，大手スーパーのカジノ社とルクレール社が異なる方法で試行しています．カジノ社は，2008 年 6 月からプライベートブランドでカーボンフットプリントの試行を始め（図 3.2 参照），2009 年夏に約 290 製品を実施し，今後 500 以上の製品にまで拡大する予定だとしています[9]．ルクレール社は，フランス北部の 2 店舗で，2008 年 4 月から 2 万点の商品の CO_2 排出量を値札に表示を行い，レシートにその排出量合計を印字する取組みを行っています[10]．

　フランスのこの二つの実施例は，CO_2 排出量の計算方法が異なっています．カジノ社はそれぞれの工程の CO_2 排出量を積算する，第 4 章で述べる LCA（ライフサイクルアセスメント）を基礎とした方法で計算していますが，一方のルクレール社は産業統計を基に製品ごとの CO_2 排出量を算定しています．例えば，ミネラルウォーターであれば，企業の区別なくどの製品でも同じ CO_2 排出量が表示されます．これは，企業の CO_2 排出削減の努力を示すのではなく，消費者にどのような商品がどの程度の CO_2 排出量であるか

気づかせることを中心にしているものと理解できます.

フランス政府は，カーボンフットプリントだけでなく，廃棄物の発生量などの環境負荷情報とともに商品に表示することを 2011 年初頭から義務化を進めると発表してきましたが[11]，制度としての整備の遅れから実施を半年遅らせ，2011 年 7 月から試行するように変更しました[12]．他の国ではカーボンフットプリントの実施は企業の自主的な取組みに任されています．フランスで義務化が本当に始まるのか，今後も注意して見ていくことが必要です．

図 3.2 フランスのカーボンフットプリントの実施例
──カジノ社のポテトチップス

3.3 その他の国の取組み

ドイツでは，化学メーカーである BASF やドラッグストアチェーンの dm-drogerie markt など 10 社がコンサルティング会社である Thema1, Öko-Institut (Institute for Applied Ecology), Potsdam Institute for Climate Impact Research (PIK) と組み，トイレットペーパー，加工食品，接着剤，コーヒーなどを対象に，カーボンフ

ットプリントの算定ルールを検討しています[13]．

また，韓国では韓国環境産業技術機関（KEITI，旧 The Korea Eco-products Institute：KOECO）が 2008 年から試行プロジェクトを実施しており，2010 年 3 月までに食料品などの非耐久財で 4 社 145 商品，その他の耐久財などで 46 商品のカーボンフットプリントが認定されています（図 3.3 参照）[14]．

左から E マート社のポテトチップ，韓国ロッテ社のチョコパイ，HAPPY BATH のボティーシャンプー．

図 3.3　韓国の実施例

タイでも 2009 年から 25 社の協力により試行プロジェクトが開始されました（図 3.4 参照）．2009 年 12 月には試行的に計算されたカーボンフットプリント付き商品の展示会が実施されています[15]．

また，台湾でも 2009 年末に環境局によりカーボンフットプリントの公式マークが公表されました（図 3.5 参照）．電子電機産業などでカーボンフットプリントを計算する取組みが始まっています[16]．

英国で数値を示さないマークが始まったことを述べましたが，スイスのカーボンフットプリントも商品には数値を示さずにマークだけを表示し，インターネットなどで数値を提供することが特徴的です（図 3.6 参照）．大手スーパーのミグロ（Migros）社がプライベートブランドである食料品や日用品に導入し，またダイソン社のエ

右は試行プロジェクトで展示されたタイユニオンマニュファクチュアリング社のツナ缶への表示.

図 3.4 タイのカーボンフットプリントのマーク

図 3.5 台湾の環境保護局の公式マーク

ミグロ（Migros）社の液体洗剤への表示，数値は示されていない.

図 3.6 スイスのカーボンフットプリントのマーク

アータオルなどの一般的商品にも広がっています[17].

このほか，オーストラリア，ニュージーランド，カナダ，米国などでもカーボンフットプリントの実施が検討されています[18],[19]．注意すべきことは，英国のカーボントラスト社が各国の企業に英国のマークでの実施を働きかけていることです．既に，オーストラリアでは英国のマークを導入するプログラムが立ち上がっており，2010年より店頭に並ぶとされています[18]．後述するように，多くの国で英国のマークを採用する企業が増えると，これが国際的な標準としての役割を果たすようになることが想定されます．今後の各国の動きを注意して見ていく必要があります．

引用・参考文献

1) 中庭知重(2008)：カーボンフットプリント国際動向と今後の展望，環境管理，Vol.44, No.12, 1110-1119
2) 中庭知重(2010)：カーボンフットプリントの国際動向，日本LCA学会誌，Vol.6, No.3, pp.174-180
3) カーボントラスト社：
   http://www.carbontrust.co.uk/Pages/Default.aspx
4) BSIグループ：
   http://www.bsigroup.com/PAS2050
5) カーボントラスト社：
   http://www.carbontrust.co.uk/Publications/page/publicationdetail.aspx?id=CTC744
6) テスコ社：
   http://www.tescoplc.com/plc/media/pr/pr2009/2009-08-17/
7) カーボンラベル社：
   http://www.carbon-label.com/whos-reducing/kingsmill#
8) キングスミル社：
   http://www.kingsmillbread.com/carbon-footprint

9) カジノ社：
   http://www.produits-casino.fr/developpement-durable/dd_indice-carbone-demarche.html
10) ルクレール社：
    http://www.e-leclerc.com/home.asp
    http://www.consoglobe.com/ac-marques-ecologiques_2365_co2-leclerc-teste etiquetage-c02-produits.html
11) フランスの義務化宣言：General principles for an environmental communication on mass market products, BP X 30-323, AFNOR (2009)
12) フランス：http://www.legrenelle-environnment.fr/spip.php?rubrique112
13) ドイツ，THEMA1：
    http://www.pcf-project.de
14) 韓国：
    http://www.edp.or.kr/carbon/english/main/main.asp
15) タイ（Thailand Greenhouse Gas Management Organization, Public Organization）：
    http://www.tgo.or.th/english/index.php?option=com_content&task=blogcategory&id=30&Itemid=33
16) 台湾：http://cfp.epa.gov.tw/
17) スイス（Climatop）：
    http://www.climatop.ch/
18) オーストラリア（Planet Ark）：
    http://carbonreductionlabel.com.au/documents/doc-251-pa-crl-press-release-final.pdf
19) カーボントラスト社：
    http://www.carbontrust.co.uk/news/news/press-centre/2009/Pages/carbon-label-australia.aspx

第 4 章

カーボンフットプリントの基礎である LCA って何ですか？

4.1 製品ライフサイクルの分析

第 1 章で述べたように，カーボンフットプリントでは商品のライフサイクル全体で「温室効果ガス」の発生量を計算し，CO_2 以外の温室効果ガスの「地球温暖化係数」を考慮して CO_2 相当の排出量に換算した結果を表示します．

製品のライフサイクル全体，すなわち「ゆりかごから墓場まで」の間に，環境へ排出される物質の量や資源の消費量を計算する方法を「LCA（Life Cycle Assessment：ライフサイクルアセスメント）」といいます（図 4.1 参照）．消費者が実際に手にしている製品の使用段階での環境影響だけでなく，製品が製造されるまで，また廃棄に至るまでの，消費者の目に見えないところの環境影響までも考えることに特徴があります．また，LCA は製品だけでなく，交通や店舗販売などのサービスも評価の対象とします．

LCA は 1970 年代に欧米で始まりました．1993 年に設置された ISO（国際標準化機構）の TC 207（技術委員会 207）で国際規格を作成する作業が始まったのをきっかけに，日本でも家電製品や自動車などの大手企業が製品の環境調和性を評価する方法として導入し，その結果を環境報告書などで公表することが 1990 年代の半ばから実施されています[1),2)]．1996 年に LCA の実施方法に関する最初の国際規格が発行され，2006 年に新しい LCA の国際規格に改正され

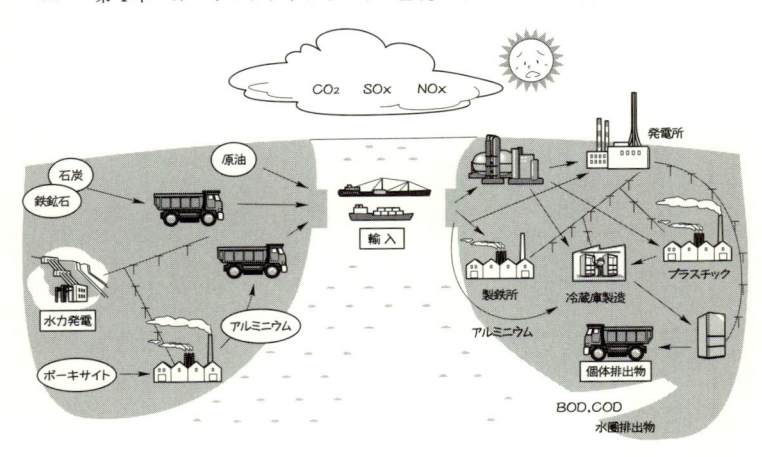

LCA の対象となる冷蔵庫が右隅の四角の箱で示されている．冷蔵庫の使用で直接に環境に排出される物質はないが，電気が消費されるので，発電所での環境への排出物を計算する必要がある．また，発電所で使用される燃料の採掘や輸送で環境へ排出される物質も計算する必要がある．さらに，冷蔵庫の組み立てや，そこで使われる素材・部品などの製造，そのさらに上流にある資源の採掘での環境負荷も計算される．最後に，冷蔵庫が廃棄される段階での環境負荷も加えて，冷蔵庫のライフサイクルで（ゆりかごから墓場まで）の環境負荷量となる．この「どこで何がどれだけ排出されるか，またどのような資源がどれだけ消費されるか」を計算する段階を「インベントリ分析」といい，それらの環境への影響を調査する段階を「影響（インパクト）評価」という．

図 4.1 LCA の概念図

ました．現在は LCA の概要が書かれた ISO 14040：2006 と，実施するときに守らなければならない要件が書かれた ISO 14044：2006 が国際規格として発行されています．また，この国際規格は邦訳され日本工業規格の JIS Q 14040 と JIS Q 14044 として発行されています．

4.1 製品ライフサイクルの分析

カーボンフットプリントでは，LCAの方法を使って，温室効果ガスの発生量を計算します．したがって，カーボンフットプリントの実施方法を知るためには，まずLCAの一般的な実施方法を知らなければなりません．その上で，一般的なLCAの方法とカーボンフットプリントの違いを理解し，今後のカーボンフットプリントの進め方を考えていくことにします．

● [カラム5] LCAの歴史と日本の活動[*]

LCA（ライフサイクルアセスメント）の考え方を使った工業製品の評価は，1970年代から欧米で始まりました．1980年代は「エコバランス」という名称がよく使われていました．1993年に環境マネジメントの国際標準化がISO/TC 207で始まったときに，「ライフサイクルアセスメント」という言葉が国際的に定着したといえます．

日本では，1994年に第1回エコバランス国際会議がつくば市で開催されています．この会議はそれ以降，LCAの学術的国際会議として2年に一度現在まで継続して開催されています．また，1995年には産官学が協同してLCAを進める「LCA日本フォーラム」が結成され，その提言を受けて経済産業省が1998年から5年間，いわゆる「LCA国家プロジェクト」を推進しました．このプロジェクトがLCAデータの作成など産業界でのLCA実施を大きく推進したといえます．

最近では，2004年に「日本LCA学会」が設立され，学術的な研究の基盤となっています．

[*] 伊坪徳宏・田原聖隆・成田暢彦共著，稲葉敦・青木良輔監修，
LCAシリーズ LCA概論，丸善，2007年

4.2 LCAの一般的方法

ISO 14040：2006「環境マネジメント―ライフサイクルアセスメント―原則及び枠組み」の序文では，ライフサイクルアセスメントを「サービスを含む製品に付随して生じる影響をより良く理解し，軽減するために開発された一つの技法」であると表現しています．図4.2に示すように「目的と調査範囲の設定」，「インベントリ分析」，「影響評価」，「解釈」という四つの段階で行う一般的な実施方法を明らかにしています．以下にこの四つの段階の具体的な方法を紹介します．

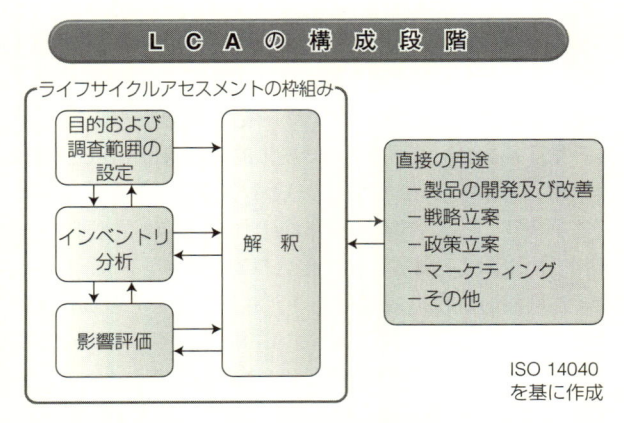

図4.2 ISO 14040:2006に示されたLCAの構成段階[7]

(1) 目的と調査範囲の設定

この段階は，LCAの最初の段階です．LCAを実施する商品を決め，LCAを行う目的をはっきりさせます．例えば，「冷蔵庫」を対

象にしてLCAを実施することにし，その目的を「地球温暖化への影響」を評価することだと決めます．地球温暖化への影響を評価するためには，地球温暖化に影響を与える「温室効果ガス」をすべて計算しなければなりません．また，冷蔵庫で使われる素材の原材料から冷蔵庫の廃棄まで，冷蔵庫のライフサイクル全体を考え，温室効果ガスが発生すると考えられる工程が漏れないように調査する範囲を決めます．この定められた範囲をLCAでは「製品システム」と呼びます．

対象とする製品のライフサイクルすべてにかかわる範囲を網羅することは，実際上はとても困難です．そこで，LCAの実施の目的に照らして寄与の小さいプロセスは，調査の対象外とし，「製品システム」から除外します．その選定基準を「カットオフルール」と呼びます．

冷蔵庫の「オゾン層破壊」への影響を調べることを目的にする場合には，オゾン層の破壊に影響を与えるフロン類が計算の対象になります．また，冷蔵庫のライフサイクル全体の中でフロン類が排出されると考えられる工程は特に注意深く調査しなければなりません．LCAでは，調査の対象となる物質や調査する範囲は，その目的によって変化します．

LCA実施の目的によって，重要となる工程が変化するので，どの場合にも当てはまる一般的な「カットオフルール」はありません．目的に合った調査の範囲を，そのつど選ぶことになります．

LCAの考え方は，「ゆりかごから墓場まで」のライフサイクル全体を考慮することが基本です．しかし，LCAの国際規格は，使用段階以降を省いた「ゆりかごから製造まで」のLCAの実施も認めています．目的に合った物質を対象にして，目的に合った範囲を決めてLCAを実施することと，その実施した内容を明確に記述する

ことを求めているのです．したがって，LCAを実施する目的を明確にすることが最も重要です．

一般的なLCAは，対象とする製品を決めて実施します．しかし，LCAの基本的な考え方は，その製品の「機能」を評価することにあります．例えば，「冷蔵庫」であれば「庫内のものを冷やす」機能が評価されます．その機能を満たすモノとして対象とする製品が評価されるのです．

製品の「機能」を基本にするこの考え方は，製品の比較を容易に認めないことにつながります．機種の異なる冷蔵庫を比較する場合には，同じ容積・同じ耐用年数などの「機能」をすべて同一にして比較することが求められるからです．同じ製品の製造工程の改善による相違を評価する場合には製品の「機能」が同一であるといえますが，同じ企業の新・旧の製品でも，まったく同じ「機能」であるとはいえません．

国際規格に定められたLCAでは，機能を同一にして比較することが重要と考えられています．特に，市場で競合する他社製品と比較し優位性を示すことを目的としたLCAの実施では，競合する他社を含む第三者により結果を評価する委員会（レビュー）を行うことが義務づけられています．国際規格に定められたLCAは，実質的に，他の製品との比較をしないことを前提としていると考えることができます．

カーボンフットプリントの実施も，対象とする商品のCO_2排出量を計算し表示するだけですから，特に他の商品と比較してその商品の優位性を示すことを目的としているわけではありません．しかし，同じ商品分類と考えられる複数のカーボンフットプリント付き商品が店頭に並ぶことになると，消費者はおのずとその数値を比較します．このとき，計算方法がそれぞれ異なると消費者が混乱しま

すし，また企業の争いの原因となることが予想されます．カーボンフットプリント制度では，企業が他社と比較することを意図せず開示した数値を，消費者に比較されることを想定した実施方法を考えなければならない難しさがあります．

この難しさを乗り越える方法として，LCA の結果を開示するエコラベルの実施方法が国際規格 ISO 14025:2006 に定められています．この国際規格については，4.3 節で詳しく説明しますが，特徴的なことは商品種別にプロダクトカテゴリールールと呼ばれる計算規則を定めることです．第 2 章で述べたように，日本のカーボンフットプリント制度はこの国際規格を念頭において設計されています．

(2) インベントリ分析

インベントリ分析は，LCA 実施の目的に合うように設定された調査の範囲内の資源消費量や排出物量を計算する段階です．国際規格ではライフサイクルインベントリ分析（LCI：Life Cycle Inventory Analysis）と呼ばれ，しばしば LCI と簡単に表記されます．

インベントリ分析の実施では，まず対象である製品の製造，使用，廃棄に直接的に関係するデータが収集されます．これらのデータは，一般に「フォアグランドデータ」と呼ばれます．例えば「冷蔵庫」の LCA の実施では，その「冷蔵庫」の製造企業が，自分の工場などで実際に収集できるデータです．

次に，製品に使用される素材の製造や，使用段階で消費される電気を発電するときに発生する排出物量などを調査します．これらのデータは，「冷蔵庫」の LCA を実施している企業にとっては他社のデータなので，収集することができないことが多いのです．実際には，部品や素材の納入企業にその製造にかかわる環境への排出物量や資源の消費量を聞き，それでもわからない場合は，製造方法が書

かれた文献や，類似製品の LCA の実施例からデータを引用することが行われます．また，最近では市販の LCA 用ソフトウェアに搭載されたデータを引用することも多く行われています．これらの，実際に収集されたものではないデータは，一般に「バックグランドデータ」と呼ばれます．

最後に，先に調べた「フォアグランドデータ」に，後で調べた「バックグランドデータ」をつないで，ライフサイクル全体での環境への排出物量や，資源の消費量を計算します．例えば，1 台の冷蔵庫に使われるプラスチックの種類とその重量は「フォアグランドデータ」として収集されます．一方，石油の採掘からそれぞれのプラスチックを 1 kg 製造するまでの CO_2 排出量が「バックグランドデータ」として調査されますので，この 1 kg 当たりの CO_2 排出量に，「フォアグランドデータ」として収集されたそれぞれのプラスチックの重量を掛け合わせて，石油の採掘から冷蔵庫の製造に使われるプラスチックの製造にかかわる CO_2 排出量を計算することができます．この計算方法の概念を，図 4.3 に示します．

インベントリ分析を実施するときに，産業連関表を用いた分析結果をバックグランドデータとして使用することがあります．産業連関表は日本の産業を約 400 の部門に分類し，それぞれの部門の間の取引額を 5 年に一度調査した結果をまとめた表です．この表を活用して，それぞれの部門の CO_2，SO_x，NO_x の排出量が分析され，それぞれの部門で生産される製品の排出量に換算されています[3]．産業連関表を使った分析では，資源の採掘からそれが生産されるまでの排出物量が計算されるので，バックグランドデータとして使いやすいデータになっていますが，産業部門の取引額を基礎としているので，商品の単価を用いて商品 1 個または商品 1 kg の排出量に変換されたデータになっており，また，約 400 の産業部門の分類

4.2 LCA の一般的方法

インベントリ分析

― フォアグランドデータ(対象製品に直接関係するデータ)
組立　使用　廃棄

素材
資源の採掘　電気　燃料

― バックグランドデータ(対象製品に間接的に関係するデータ)

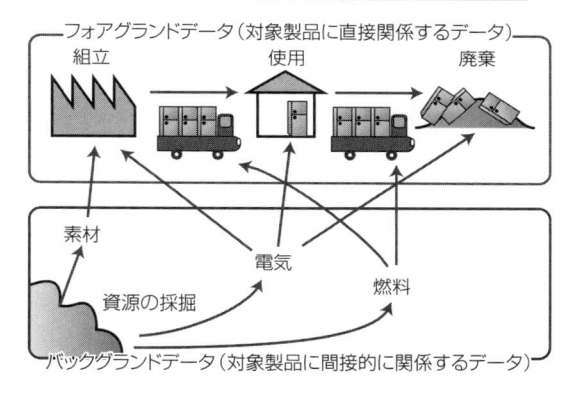

図 4.3 フォアグランドデータとバックグランドデータ[7]

でまとめられている表なので,実際の商品そのものの分析はもともと困難であることに注意して使用する必要があります.

インベントリ分析を実施する時には,「システム境界」と「配分」に特に注意することが必要です.システム境界は,図 4.3 に示すように,LCA でデータを収集する範囲を示します.LCA 実施の目的に合わせて,重要なプロセスが抜け落ちないように,前述したカットオフの考え方と整合するように選定されなければなりません.LCA の実施で除外されるプロセスは,図 4.4 では「他のシステム」と表現されています.

「配分」は,一つのプロセスで二つ以上の製品が生産される場合に,排出物量や資源の消費量をそれぞれの製品に分ける方法です.LCA の国際規格では,まずプロセスの中をよく見て,そのプロセスをそれぞれの製品のプロセスに分けることができないか調べるこ

システム境界

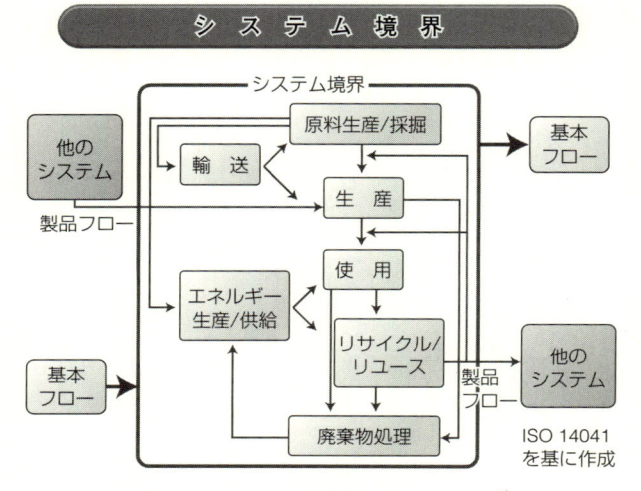

図 4.4 LCA におけるシステム境界[7]

とが推奨されています．次に，それぞれの製品の重量を基準に配分することが推奨されています．しかし，生産される製品の経済的価値（市場価格）が大きく異なる場合は，その経済的価値を基準に配分することも認められています．

「システム境界」と「配分」は，インベントリ分析の結果を大きく左右する要素です．注意深く実施することが望まれます．配分については，5.2 節 (3) でさらに詳細に述べます．

● [カラム6] 配分の回避方法と製品バスケット法

　ある工場で二つ以上の製品が製造されているときに，工場で使用された電気をどのようにそれぞれの製品に振り分けるかが問題になります．これを「配分」といいます．LCA（ライフサイクルアセスメント）の国際規格は，できるかぎり配分を回避することを勧めています．

　具体的には，工場内の工程を詳細に調べて，それぞれの製品の製造のために消費された電気の量を特定することを最優先に推奨しています．製品ごとに製造ラインを分けることができれば，その製品の製造のための電気の消費量が特定できます．

　配分を回避するもう一つの方法は，LCAの対象である主製品A以外の製品が他の工場で作られたものと仮想的に考え，その場合の電気の消費量を差し引くことです．電気の消費量を環境負荷に書き換えると式（1）のようになります．この方法は，仮想的に考えた製造方法によって結果が異なる難点がありますが，主製品Aを製造するための電気消費量を簡便に求めるためにLCAではよく使用されます．

[製品Aと製品Bを製造する工場の環境負荷]
　－[製品Bだけを製造している工場の環境負荷]
＝[製品Aを製造するための環境負荷]　　　　　　　　　　　　　　　(1)

　式（1）は，[製品Bだけを製造している工場の環境負荷]を右辺に移し式（2）に直すと，製品Aと製品Bを製造する工場と，製品Aだけを製造する工場を比較する方法を示している式と考えることができます．すなわち，製品Aだけを製造している工場の環境負荷に，製品Bだけを製造している工場の環境負荷を加算して，両方を製造している工場の環境負荷と比較するのです．

［製品 A と製品 B を製造する工場の環境負荷］
＝［製品 A を製造するための環境負荷］
　　＋［製品 B だけを製造している工場の環境負荷］　　　　　　(2)

　この方法は，たくさんの機能をもった製品と，単一の機能しかない製品を比較するときにも使われます．製氷機能がある冷蔵庫と，製氷機能がない冷蔵庫の環境負荷を直接比べることはできませんが，便宜的に，「製氷機能がない冷蔵庫の環境負荷」に「製氷機だけを別に製造する場合の環境負荷」を加えて，「製氷機能がある冷蔵庫の環境負荷」と比較することが行われます．

（［製氷機能がある冷蔵庫］）と
（［製氷機能がない冷蔵庫］＋［製氷機］）の比較　　　　　　　(3)

　このように，機能が同じになるように，機能が不足している製品のその機能をもった製品を加えて比較する方法を「製品バスケット法」といいます．製氷機能以外の機能の相違があれば，式 (3) の両辺の機能が同じになるようにさらに製品を追加します．
　LCA では，「機能を同じにして比較する」ことが重要です．機能が違えば，環境負荷も異なることは当たり前のことだからです．製品バスケット法は，ある工場の環境負荷を製品Aと製品Bに配分することを回避するために，この工場の環境負荷から仮想的な製品Bの製造負荷を差し引く式 (1) の方法の応用と考えることができます．

(3) 影響評価

LCA の影響評価は，LCA の国際規格である ISO 14040:2006 と ISO 14044:2006 では，ライフサイクル影響評価 (Life Cycle Impact Assessment) と呼ばれ，LCIA と略記されます．これは一般的に，分類化，特性化，総合評価の三つのステップで行われます[1), 2)]．

まず「分類化 (classification)」では，「温室効果ガス」は「地球温暖化」へ，「フロン類」は「オゾン層の破壊」へというように，調査した資源消費や排出物と「環境影響領域 (environmental category)」を結びつけます．「フロン類」は「地球温暖化」にも影響を与えるので，「オゾン層の破壊」だけでなく，「地球温暖化」にも結びつけることになります．

次に「特性化 (characterization)」では，インベントリ分析で調査した排出物の量と，その物質が環境に与える影響度を基準物質と比較して相対的に評価した「特性化係数 (characterization factor)」を掛け合わせ，「カテゴリインディケータ」を求めます．例えば，地球温暖化の環境影響領域では，CO_2 を基準として「気候変動に関する政府間パネル (IPCC: Intergovernmental Panel on Climate Change)」がそれぞれの温室効果ガスの「地球温暖化係数 (GWP: Global Warming Potential)」を決めているので，この係数と温室効果ガスの排出量を掛け合わせて，地球温暖化のカテゴリインディケータを求めます．これが，「カーボンフットプリント」です．カーボンフットプリントは CO_2 の排出量だけを計算したものではありません．地球温暖化に関係する温室効果ガスの排出量に，それぞれの地球温暖化係数を掛け合わせ，CO_2 を基準に換算した排出量です．

オゾン層の破壊の環境影響領域のカテゴリインディケータも，特性化係数に「オゾン層破壊指数 (ODP: Ozone layer Depletion

64　第4章　カーボンフットプリントの基礎であるLCAって何ですか？

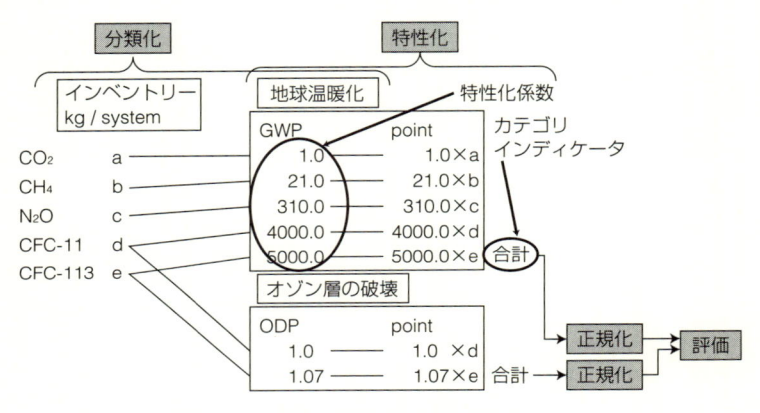

図4.5 影響評価の一般的手順の概念図

Potential)」を使って同様に計算することができます．最後の「総合評価」では，地球温暖化やオゾン層の破壊などの様々な環境影響領域のカテゴリインディケータを総合的に評価します．この分類化と特性化の概念を図4.5に示します．

● **地球温暖化係数**

LCAの国際規格であるISO 14040:2006とISO 14044:2006では，環境影響評価は「製品システムの潜在的な影響を評価すること」と定義されています．実際の被害を評価するのではなく，対象となる環境影響領域に対して排出物がもつ潜在的影響（ポテンシャル）を示す特性化係数を使用することが特徴的です．

例えば，地球温暖化では，前述したように表4.1に示すような，IPCCで定められた「地球温暖化係数」が用いられます．これは，CO_2を基準物質として，温室効果ガスの熱放射力とそれぞれの温室効果ガスの大気中での分解されやすさ（存在時間）を考慮して表し

表 4.1 地球温暖化係数（GWP）の具体例

物質名	化学式	存在期間(年)	影響を考える期間（年）		
			20	100	500
二酸化炭素	CO_2	150 ± 30	1	1	1
メタン	CH_4	12 ± 3	56	21	6.5
亜酸化窒素	N_2O	120	280	310	170
HFC-134	$C_2H_2F_4$	10.6	2,900	1,000	310
HFC-134a	CH_2FCF_3	14.6	3,400	1,300	420
六フッ化硫黄	SF_6	3,200	16,300	23,900	34,900

IPCC 第 2 次報告書（1995）による．

たものです．それぞれの温室効果ガスの分解速度が異なるので，それらが排出されてから何年後までの影響を考えるかによって，地球温暖化係数の数値が変わってきます．IPCC では，20 年後，100 年後，500 年後までを考える三つの地球温暖化係数を報告しています．LCA では 100 年後までを考える地球温暖化係数（100 年係数）がよく使われます．カーボンフットプリントでもこれが踏襲され，どこの国の制度でも 100 年係数を使用しています．

IPCC は今まで第 1 次から第 4 次まで，1990 年，1995 年，2001 年，2007 年に報告書を出しています．第 2 次報告書で報告された温室効果ガスの地球温暖化係数は，1997 年に行われた COP 3（第 3 回気候変動枠組み条約）で採択された「京都議定書」で示されている各国の排出削減の目標値を定める基礎として使われています．最も新しい第 4 次報告書は，今までの活動の集大成として 2007 年度のノーベル平和賞の対象になりました．

IPCC は，報告書を出す時点での最先端の科学的知見を使用して

いるので,温室効果ガスの地球温暖化係数もその時点の知見によって修正されてきました.したがって,京都議定書で使われている第2次報告書の地球温暖化係数と,最も新しい第4次報告書の地球温暖化係数は少し違っています.例えば,メタン(CH_4)の地球温暖化の100年係数は,第2次報告書では21ですが,第4次報告書では25です.また亜酸化窒素(N_2O)は第2次報告書では310ですが,第4次報告書では298です.現在,どの数値を使うかは各国のカーボンフットプリントで異なっています.日本のカーボンフットプリント制度では第2次報告書の数値を使っていますが,英国の制度は第4次報告書の数値を使っています.第6章で詳述しますが,これを統一することがカーボンフットプリントの新しい国際規格を定めるための議論の一つになっています.

今までのLCAでは,様々な環境影響領域を幅広く考慮することが推奨されてきました.例えば,LCAを世界的にリードしてきた学会である欧州のSETAC (Society of Environmental Toxicology and Chemistry)[4),5)]では,枯渇性資源,生物資源,土地資源,地球温暖化,オゾン層の破壊,人間への健康影響,生態系への影響,光化学オキシダント,酸性化,富栄養化,臭気,騒音,放射線,事故の14の環境影響領域を評価することを推奨し,それぞれの環境影響領域を評価するための特性化係数の考え方を示しています.しかし,そのすべてが国際的に認められた特性化係数であるとはいえません.地球温暖化の環境影響領域で使われる地球温暖化係数は,IPCCの報告書の年度により若干異なるとはいえ,世界中で共通に使うことができる科学的根拠をもった係数であるといえます.

●環境影響領域間の重みづけ

LCAの環境影響評価の最後のステップが「総合評価」です.ISO 14040:2006には「影響評価の方法論的及び科学的枠組みは,

いまだ開発途上にある．（中略）広く受け入れられているものは存在しない」と書かれ，図4.6に示すように，分類化・特性化までを影響評価の必須要素とし，環境影響領域を総合的に考えること，たとえば領域間の重みづけを行うことは付加的要素（optional elements）と位置づけています．「地球温暖化」や「オゾン層の破壊」という環境影響領域のそれぞれで，二酸化炭素や特定フロンを基準物質とする評価は科学的知見を基にしてできますが，これらの異なる環境影響領域の重要性を総合的に判断すること，またそれらを重みづけして単一の指標にすることは，非常に困難と認識されているといえます．

地球温暖化とオゾン層の破壊のどちらが重要であるかを判断する一つの方法は，それぞれに関連する物質の排出による実際の被害の

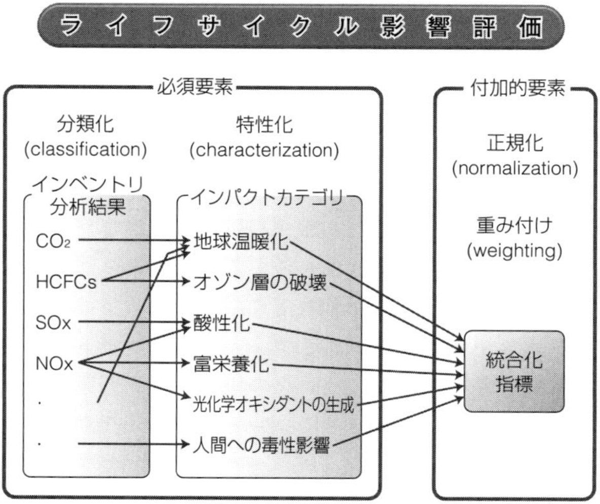

図4.6 ライフサイクル影響評価の必須要素と付加的要素[7]

大きさを比較することだと考えられますが，上述したようにLCAの影響評価では，実際の被害ではなく排出された物質の特性を用いて被害をもたらす可能性（ポテンシャル）を評価します．したがって，被害の大きさの比較が非常に困難です．さらに，例えば人間への健康影響と，生態系への被害のどちらを重要視するかは，それぞれの人によって異なります．人の価値観はそれぞれ異なるからです．環境影響の総合評価が付加的要素とされたのは，これらのことが考慮されたからだと考えられます．

LCAの国際規格では，特に他社製品との比較を意図して環境影響領域を重みづけすることを厳しく禁止しています．人の価値観の相違で製品を評価する危険性が認識されているからです．

一方で，従来のLCAでは，環境影響領域をいかに重みづけするかの研究が行われてきました．これは，例えば，オゾン層の破壊に対する影響を改善しようとすると，地球温暖化に対する影響が増大することがあるように，環境影響領域間のトレードオフがある場合に，どちらを優先するか決めなければならない場合があるからです．さらに，一般の消費者は環境影響領域別の評価ではなく，製品の総合的な評価を求めていることも事実だと思われます．

カーボンフットプリントでは地球温暖化への影響だけを考えますが，その他の環境影響についても考えることが重要であるとする意見は，第3章や第6章で紹介するように，カーボンフットプリントの国際的な議論でもよく聞かれます．カーボンフットプリント制度の今後の展開を考えるためには，その他の環境影響領域の評価の方法や環境影響領域間の重みづけについての世界的な動向を把握しておくことが重要です．

（4） 解　釈

LCAでは，調査の範囲やインベントリ分析におけるシステム境界の選定，配分の方法，影響評価で特性化係数の選択などによって，結果が大きくことなることがあります．これらの実施方法による結果への影響を，図 4.7 に示すように，「解釈」で考察します．

また，インベントリ分析の結果として，CO_2 排出量や資源消費量が単一の数値として示されますが，インベントリ分析で使用される数多くのデータの中には，実測されたデータではない「推定されたデータ」や「引用されたデータ」が含まれます．そこで，これらのデータに含まれる誤差を考慮した感度分析や不確実性分析を解釈のステップで実施することが推奨されています．カーボンフットプリントでは，CO_2 排出量が商品に表示されますが，その数値の確かさをどのように表示するかは後の大きな課題といえます．

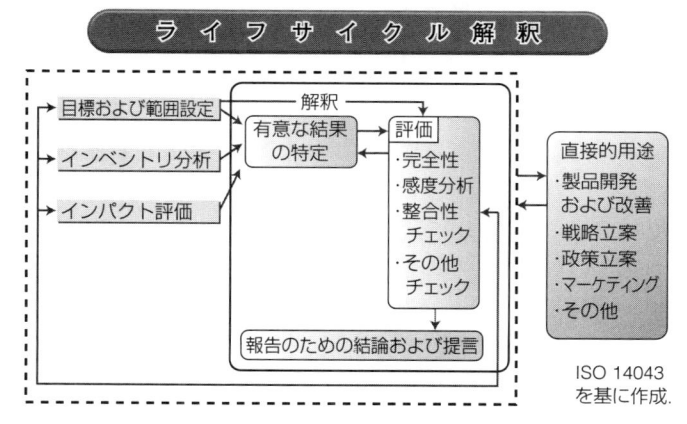

図 4.7 ライフサイクル解釈の実施方法[7]

(5) 報告

LCA の国際規格は，LCA の結果を第三者に伝えるときには，報告書を作成することを義務づけています．報告書には，今まで述べた「目的と調査範囲」，「インベントリ分析」，「影響評価」，「解釈」で実施したことを明確に書くことが求められます．また，結果をどのよう検証したか，その評価方法（クリティカルレビュー）について記述することが求められています．

クリティカルレビューは LCA の実施方法の妥当性を検証するものです．LCA の実施者とは異なる内部の第三者によるレビュー，外部の第三者によるレビュー，利害関係者を含むレビューの3種がありますが，他社製品と比較して優位性を主張しようとする場合には，競合する利害関係者を含むレビューを行うことが義務づけられています．第6章で説明するように，カーボンフットプリントの検証方法は今後の大きな課題になっています．

4.3　タイプⅢのエコラベル

前節では，LCA の国際規格である ISO 14040:2006 と ISO 14044:2006 に示されている LCA の一般的な実施方法について説明しました．この LCA の国際規格は，カーボンフットプリントの計算の基礎になるものですが，その結果を表示するラベルについては何も言及していません．LCA の結果を公開するラベルは，国際規格 ISO 14020:2000 で，タイプⅢのラベルとして定義されています．

この国際規格 ISO 14020:2000 は，環境に関するラベルを三つのタイプに分類しています．タイプⅠは，ある基準に合格したことを第三者が認証して発行を許可するラベルです．タイプⅡは各社が環境情報を自己開示するラベルで，最後のタイプⅢが LCA の結果を

タイプ Ⅰ	タイプ Ⅱ	タイプ Ⅲ
第三者認証	企業の環境自己主張	定量的な環境負荷（LCA）データ
ちきゅうにやさしい	eco eco Green Policy Innovation	Product Environmental Aspects Declaration ECO LEAF 製品環境情報

図 4.8　ISO 14020 で定められた環境ラベルの分類とそれぞれの実施例

第三者が認証して発行を許可するラベルになっています．こららの相違を図 4.8 に示します．

注意しなければならないことは，タイプⅢのラベルは，LCA の結果が開示されていることを示すラベルであって，商品の環境負荷が小さいことを示すラベルではないということです．この点が，ある基準を設けて，その基準をクリアすることで環境負荷量が小さい商品であることを示そうとするタイプⅠのラベルとの根本的な相違です．

タイプⅢのラベルはヨーロッパでは EPD（Environmental Product Declaration）という呼称で実施されてきました．日本でも「エコリーフ」という呼称で（社）産業環境管理協会が 2002 年から実施しています[5]．図 4.9 に示すように，エコリーフでは，複写機等の工業製品を中心に既に約 450 の製品について，地球温暖化ガスの排出量だけではなく，酸性化に関する SOx の排出量や様々な資源消費量が計算され，それらがインターネット上で開示されて

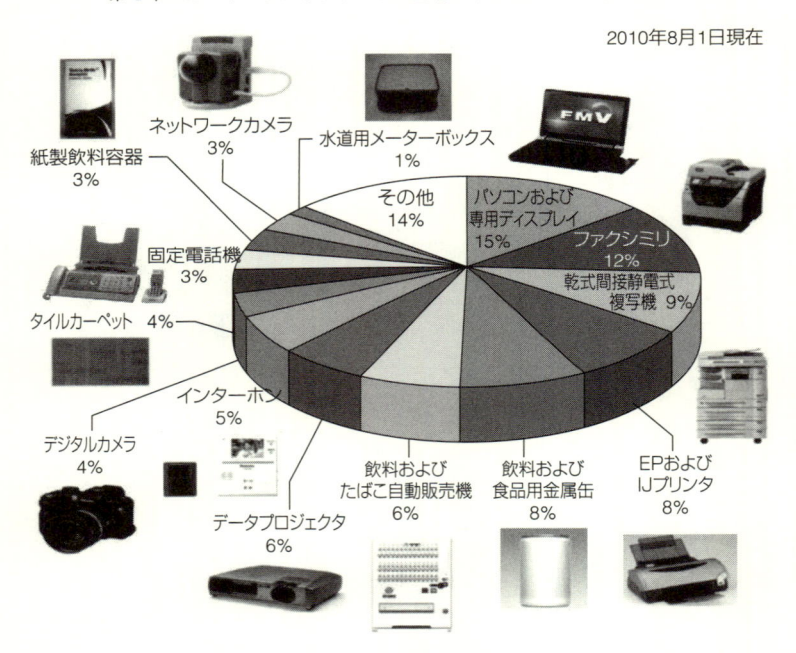

72　第 4 章　カーボンフットプリントの基礎である LCA って何ですか？

2010年8月1日現在

図 4.9 エコリーフを取得している製品
（社）産業環境管理協会提供

パソコンおよび専用ディスプレイ 15%
ファクシミリ 12%
乾式間接静電式複写機 9%
EPおよびIJプリンタ 8%
飲料および食品用金属缶 8%
飲料およびたばこ自動販売機 6%
データプロジェクタ 6%
インターホン 5%
デジタルカメラ 4%
タイルカーペット 4%
固定電話機 3%
紙製飲料容器 3%
ネットワークカメラ 3%
水道用メーターボックス 1%
その他 14%

います[6]．

　マークの表示の例を図 4.10 に示します．日本テトラパック(株)では，飲料容器やパンフレットに「エコリーフ」のマークと，数値が開示されているインターネット上の URL，およびエコリーフの認証番号を表示しています．ただし，この例は飲料の容器だけの認証で内容物には無関係です．

　また，インターネット上での開示の例を図 4.11 に示します．日本テトラパック(株)の商品は，エコリーフのマークに記載されたイン

4.3 タイプⅢのエコラベル　　73

図 4.10　「エコリーフ」の事例

ターネットの URL で製品の認証番号を調べると図の情報を見ることができます．地球温暖化への負荷だけではなく，酸性化への負荷，ならびにエネルギー消費量も開示されています．この図の後に，詳細な数値情報が掲載されています．

　LCA の結果を開示するタイプⅢラベルの国際規格である ISO 14025:2006 に従えば，同じ種類の商品は，同じ計算方法で環境への排出物量や資源の消費量を計算しなければなりません．この計算方法が第 2 章で紹介した「商品種別算定基準（プロダクトカテゴリールール：PCR）」です．

　タイプⅢラベルは，対象とする商品の LCA の結果を示すだけですから，他社の製品との比較を意図しているわけではありません．しかし，同じような種類の製品の LCA の結果が開示されれば，消

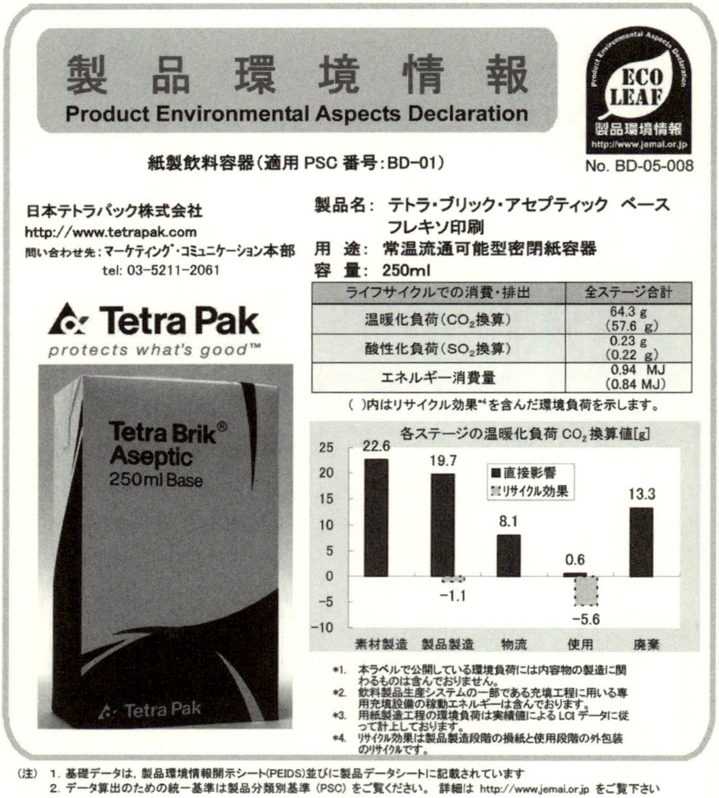

74　第4章　カーボンフットプリントの基礎であるLCAって何ですか？

製　品　環　境　情　報
Product Environmental Aspects Declaration

ECO LEAF 製品環境情報 http://www.jemai.or.jp

紙製飲料容器（適用PSC番号：BD-01）　　　　　　　　　　No. BD-05-008

日本テトラパック株式会社
http://www.tetrapak.com
問い合わせ先：マーケティング・コミュニケーション本部
　　tel: 03-5211-2061

Tetra Pak
protects what's good™

Tetra Brik® Aseptic 250ml Base

製品名：テトラ・ブリック・アセプティック　ベース　フレキソ印刷
用　途：常温流通可能型密閉紙容器
容　量：250ml

ライフサイクルでの消費・排出	全ステージ合計
温暖化負荷（CO_2換算）	64.3 g (57.6 g)
酸性化負荷（SO_2換算）	0.23 g (0.22 g)
エネルギー消費量	0.94 MJ (0.84 MJ)

（　）内はリサイクル効果[*4]を含んだ環境負荷を示します．

各ステージの温暖化負荷 CO_2換算値[g]

素材製造 22.6／製品製造 19.7／物流 8.1／使用 0.6／廃棄 13.3
リサイクル効果：-1.1／-5.6
■直接影響　▨リサイクル効果

[*1]　本ラベルで公開している環境負荷には内容物の製造に関わるものは含んでおりません．
[*2]　飲料製品生産システムの一部である充填工程に用いる専用充填設備の稼動エネルギーは含んでおります．
[*3]　用紙製造工程の環境負荷は実績値によるLCIデータに従って計上しております．
[*4]　リサイクル効果は製品製造段階の損紙と使用段階の外包装のリサイクルです．

（注）1．基礎データは，製品環境情報開示シート（PEIDS）並びに製品データシートに記載されています
　　　2．データ算出のための統一基準は製品分類別基準（PSC）をご覧下さい．　詳細は http://www.jemai.or.jp をご覧下さい

日本テトラパック（株）の例．

図4.11　「エコリーフ」のインターネットでの情報開示の例

費者がこれらを比較することが容易に想像されます．したがって，消費者に比較されることを前提として，公平な比較を支援するために，同一の方法で計算しておく方が便利だということになります．

そのための共通の計算方法がプロダクトカテゴリールールです．言い換えれば，異なるプロダクトカテゴリールールを使って計算された商品は，計算方法が違うので比較できません．無意味な比較を回避するためには，この基本的なタイプⅢラベルの特徴を消費者に正確に伝えることが必要です．

4.4 LCAとカーボンフットプリントの相違

今まで説明したように，国際規格である ISO 14040:2006 と ISO 14044:2006 は LCA の実施の方法を規定していますが，LCA を実施する目的をよく考え，その目的に合うように実施することが必要であることが強調されています．また，実施した方法を明確に書くことが必要とされており，市場で競合する他社の製品との比較を厳しく排除しています．

一方，タイプⅢラベルの国際規格である ISO 14025:2006 では，消費者による比較を前提として，比較が公平に行われるように，プロダクトカテゴリールールという共通の計算方法を定めておくことが重要とされています．

言い換えれば，LCA の国際規格では他社製品との比較は考えておらず，環境報告書などに自社製品の LCA の結果を開示することを想定していると思われ，各社がそれぞれ別々の計算方法を設定しても，それを明確に示せばよいと考えているといえます．一方，タイプⅢラベルの国際規格は，実施する企業は他社製品との比較を考えていなくても，消費者がおのずと比較することを前提としています．これは，タイプⅢラベルは，通常はそれを運営する組織があり，その組織のホームページ上にタイプⅢラベルを取得した商品が並べて表示されることが多く，消費者に比較されやすいことを想定して

いるといえます.

さらに，エコリーフに代表される従来のタイプⅢラベルは，
① 地球温暖化だけでなくオゾン層の破壊や酸性化，富栄養化など多くの環境側面を見ることを目的として，様々な環境負荷物質や資源消費量を計算しようとし，
② 複写機などビジネスに使われる工業製品を中心に実施され，
③ インターネットやパンフレットでLCAの結果を示す

ことが行われてきましたが，カーボンフットプリントでは，表4.2に示すように，
① CO_2を中心とする地球温暖化ガスの排出量だけに着目し，
② スーパーマーケットなどで売られている食品や日用品が主な対象であり，
③ 商品に直接表示することから始まった

という違いがあります.

　カーボンフットプリントは，地球温暖化だけに着目したLCAの結果を公開するものです．カーボンフットプリントも他社の製品と比較しているわけではないという点で，従来のエコリーフと同じです．したがって，インターネットで情報を公開していた「エコリーフ」の「地球温暖化への影響」を見れば，カーボンフットプリントとほぼ同じ情報を得ることができます．それにもかかわらず，カーボンフットプリントがエコリーフより大きな話題になっているのは，商品に直接表示することから始まったので，インターネット上ではなくスーパーマーケットなどで消費者がCO_2排出量を直接見ることができ，それが比較される可能性があるからだと考えられます．商品に直接表示することが大きな社会的関心になっていると理解できます．

表 4.2 エコリーフとカーボンフットプリントの相違

	エコリーフに代表される タイプⅢ エコラベル	カーボンフットプリント
対象とする 環境領域	地球温暖化，酸性化，富栄養化，エネルギー消費，資源の消費など多くの環境領域を扱う．	地球温暖化に限定されている．
対象とする 製品	複写機などの工業製品を主に発展してきた．企業がグリーン購入を進める商品が対象とされてきたといえる．	食品や日用品などスーパーマーケットで消費者が日常的に購入する商品から始まっている．
情報を開示 する方法	商品やパンフレットにマークを表示し，マークを運営する機関のホームページや製品の製造企業のホームページなどで数値を開示する方法が主流．ホームページを見なければ数値そのものを知ることができない．	商品のパッケージに直接数値を表示することから始まった．消費者が購入するスーパーマーケットなどで数値が比較される可能性がある．

引用・参考文献

1) 稲葉敦監修 (2005)：LCA シリーズ LCA の実務，丸善
2) 伊坪徳宏・田原聖隆・成田暢彦共著，稲葉敦・青木良輔監修 (2007)：LCA シリーズ LCA 概論，丸善
3) 国立環境研究所：産業連関表による環境負荷原単位データブック
   http://www-cger.nies.go.jp/publication/D031/jpn/page/what_is_3eid.htm
4) SETAC (1993): Guidelines for Life-Cycle Assessment, A code of Practice
5) SETAC (1996): Towards a Methodology for Life Cycle Impact Assessment
6) （社）産業環境管理協会エコリーフのホームページ
   http://www.jemai.or.jp/ecoleaf/
7) 鈴木基之，原科幸彦編 (2005)：人間活動の環境影響，放送大学教育振興会

第 5 章

カーボンフットプリントはどのように計算されているのでしょうか？

　カーボンフットプリントは，地球温暖化だけに着目した LCA の実施と考えることができます．したがって，基本的には第 4 章に示したように，LCA の国際規格である ISO 14040:2006 と ISO 14044:2006 に則って実施されます．しかし，カーボンフットプリントでは，これも第 4 章で示したように，スーパーマーケットなどの店頭で消費者がその数値を比較する可能性があるので，比較が公平に行われるように，計算方法であるプロダクトカテゴリールール

> この製品のCO_2排出量は，300gです。ただし，原材料の排出分は，含んでいません。

A社の製品

> この製品のCO_2排出量は，600gです。原材料の排出分も含んでいます。

B社の製品

> 本当に，CO_2排出量が少ないのは，どちらの製品なんだろう？

消費者

ルールづくりの必要性

をあらかじめ決めておくことが行われます.

日本のカーボンフットプリントの制度は,特にこのプロダクトカテゴリールールの公平性を重要に考えており,第2章で述べたように2009年2月にまとめられた「カーボンフットプリント制度のあり方(指針)」と「商品種別算定基準策定基準」に,どのような種類の商品でも共通に守るべき規則が書かれています.

この章では,LCAの国際規格であるISO 14040:2006とISO 14044:2006が,我が国のカーボンフットプリント制度の中でどのように実現されているかを,「カーボンフットプリント制度のあり方(指針)」と「商品種別算定基準策定基準」に書かれた規則を紹介しながら説明します.

5.1 ライフサイクルステージと1次データの収集, 2次データの使用

(1) ライフサイクルステージの設定

カーボンフットプリントでは対象とする商品のライフサイクル全体のCO_2排出量を計算します.このとき,商品のライフサイクルを,「原材料・部品の調達」,「製造」,「流通・販売」,「消費・使用・維持管理」,「廃棄・リサイクル」の五つのステージに分けて考えることが,日本の制度の特徴です.したがって,対象としている商品のライフサイクルを考え,この五つのステージに分けることが,最初の作業になります.

多くの商品では,「製造」以降の「流通・販売」,「消費・使用・維持管理」,「廃棄・リサイクル」の境界は比較的明確ですが,「原材料・部品の調達」と「製造」の境界を決めることが困難な場合が数多くあります.

一般には「製造」はその商品を製造している企業が自社内にもっている工程をいい,「原材料・部品の調達」は,その商品を製造している企業が購入する物品の購入物を製造する工程であると考えますが,複数の企業が集まってプロダクトカテゴリールールを作るときには,ある部品を自社で作っている企業と購入している企業に分かれる場合があり,これが「原材料・部品の調達」と「製造」の境界を混乱させる原因になります.現在の規則では,このような工程を「原材料・部品の調達」と「製造」のどちらに分類するか明確な基準はなく,それぞれのプロダクトカテゴリールールで決定することになっています.

(2) カットオフルール

次に,それぞれのライフサイクルステージの中には,対象の商品にかかわる数多くのプロセスが存在するので,それらの中からCO_2の排出量が大きいプロセスが漏れないように,調査するプロセスを選定します.このとき,2009年度までのカーボンフットプリントの規則では,「それぞれのライフサイクルステージ」で,CO_2排出量に換算して5％以下のプロセスは計算の対象としなくてよい,とされていました.これが日本のカーボンフットプリントの「カットオフルール」です.その後2010年度のルール見直しで,「それぞれのライフサイクルステージ」の5％までではなく,「商品のライフサイクル全体」の5％までをカットオフしてよいことになりました.

カットオフルールがCO_2排出量で決まっているということは,プロダクトカテゴリールールを作る前にカーボンフットプリントの数値を計算しておかなければならないことを意味しています.計算方法であるプロダクトカテゴリールールを決めるためには,考えら

れるプロセスの中で、どのプロセスが CO_2 排出量が大きいのか、事前に調査しておくことが必要とされています。

歯磨きやシャンプーなどの原料を混合して製造する製品では、本当に微量にしか含まれない成分をカットオフすることが考えられます。しかしこのような場合でも、微量成分をカットオフするのではなく、その成分に似た他の成分と仮定して CO_2 排出量を推定することが推奨されています。

(3) 1次データの収集

LCAでは、燃料やエネルギーの消費量、資材の使用量など直接現場で測定・収集したデータを「フォアグランドデータ」と呼んでいましたが、カーボンフットプリントではこれを「1次データ」と呼びます。また、購入されている部材や素材は、その製造に関するデータを直接収集することは困難なので、一般には文献や統計を用いて作成することになります。このような実測ではないデータをLCAでは「バックグランドデータ」と呼んでいましたが、カーボンフットプリントでは「2次データ」と呼びます。カーボンフットプリントは英国で始まりました。「1次データ」と「2次データ」という呼び名は、その英国のカーボンフットプリントのガイドラインである「PAS 2050」の中の呼び名です。先行している英国での呼び名が、全世界で使われるようになっています。

カーボンフットプリント制度の目的の一つにサプライチェーンのグリーン化があります。そのため、自社の範囲外のデータでも、納入業者の協力を得てデータを収集することが推奨されています。したがって、現在のプロダクトカテゴリールールの策定基準では、1次データの範囲をなるべく広くとり、1次データとして収集できない場合に限って2次データを使用することを許すようにプロダクト

カテゴリールールを定めることが推奨されています．

その結果として，それぞれのライフサイクルステージの中にあるそれぞれのプロセスが，「1次データを収集するプロセス」，「1次データでも2次データでもよいプロセス」，「2次データを使用するプロセス」の三つのタイプに，分類されます．

1次データと2次データの相違は，その工程が自社内にあるかどうかではなく実測データを得ることができるかどうかにかかっています．購入材料の納入者から実測データを得ることができ，その信頼性がカーボンフットプリントの検証委員会で認められれば，上流の部材の納入業者から得たデータを1次データとして使用することができます．

1次データ
実測した生データ

2次データ
文献や統計によるデータ

1次データと2次データ

(4) 2次データの使用
● 2次データの種類

日本のカーボンフットプリントの制度には，三つのタイプの2次データがあります．まず一つは，「共通2次データ」です．これは，すべての商品のプロダクトカテゴリールールで共通に用いられるデータで，経済産業省の試行事業のホームページ[1]上に公開されてい

るデータです．次に，「PCR原単位」と呼ばれる2次データの分類があります．個々の商品のプロダクトカテゴリールールで決められ，その商品分類にだけ適用される2次データです．最後は，「参考データ」と呼ばれ，カーボンフットプリントを実施する企業によって収集され，使用されます．

いずれの2次データも，今まではその製品の日本の平均的なCO_2排出量として調査され，使用されてきました．共通2次データは，経済産業省の試行事業で運営される「データ検証委員会」でその妥当性が検討され，試行事業で使用することが認められます．PCR原単位と参考データは，プロダクトカテゴリールールを承認するときと，カーボンフットプリントの数値を検証するときに使用の妥当性が検証されます．

● 参考データの共通性

上述したように，カーボンフットプリントのデータの収集は，「1次データを収集するプロセス」，「1次データでも2次データでもよいプロセス」，「2次データを使用するプロセス」の三つのタイプに分類することができます．

「2次データを使用するプロセス」で，すべての企業が同じ2次データを使うのであれば，それぞれの企業の商品のカーボンフットプリントの数値の違いに影響を与えないので問題になることは少ないのですが，企業ごとに使用する2次データが違うときと，それによって商品全体のカーボンフットプリントの数値が異なることになるので困ります．したがって実際は，それぞれの企業が同一の2次データを使用するように，すなわち共通の「参考データ」を使用するように事務局によって運営しています．

● 1次データ収集の推奨

また，「1次データでも2次データでもよいプロセス」が存在す

るのは，サプライチェーンをたどって1次データを収集すれば，それができない企業に比べてCO_2排出量が少ないに違いないという期待があるからです．2次データはその商品を製造するときの日本の平均的なCO_2排出量が使われることが多いので，1次データを収集できる企業は，それよりも小さなCO_2排出量であろうと期待されていることになります．

しかし，上流にサプライチェーンをたどればたどるほどCO_2排出量が少なくなるかどうかは，まだはっきりしていません．上流の企業と協力して1次データを収集してみたら，公開されている2次データよりも大きなCO_2排出量である可能性も否定できません．そこで，「1次データでも2次データでもよいプロセス」については，予想される日本の平均的なCO_2排出量よりも大きな2次データを設定しておくことも議論されてきました．サプライチェーンの企業と一緒にグリーン化を推進する企業が損をすることがないように制度を設計するためです．

原材料を購入して混合する塗料のような商品では，製造段階のCO_2排出量が小さく，CO_2排出量の大部分が2次データの数値で決まるので，製造する企業のCO_2排出量削減の努力が見えにくく，また，それぞれの企業の製品の差が現われにくいことがよく知られています．例えば，エコプロダクツ2008で発表された試行事業の結果では，ライオン(株)の歯磨きでは，全ライフサイクルでのCO_2排出量196gのうち，生産工程は13%に過ぎず原材料調達が52%を占めています．また，その原材料調達の約半分が包装材料に起因するCO_2排出量になっています．コクヨS&T(株)のテープのりも生産段階の3.1gのCO_2排出量に比べ，原材料調達のCO_2排出量が80.0gと大きな値になっています．このような商品では，原材料メーカーと協力して，CO_2排出量を調査し，削減する努力をする

ことが望まれます．サプライチェーンのグリーン化を進めることが重要です．

> ● [カラム7] 原単位
>
> 　一般に，ある製品を単位量生産するときに必要とされる原材料やエネルギーの量を「原単位」といいます．例えば，鉄1トンを作るときに必要な鉄鉱石やコークスの量のことです．
>
> 　これが転じて，LCA（ライフサイクルアセスメント）やカーボンフットプリントの研究・実施では，資源の採掘から製品の製造まで積算したCO_2排出量やSO_xの排出量を，例えば鉄1kgのCO_2排出原単位，SO_x排出原単位といいます．
>
> 　カーボンフットプリントでは，自社の工場で使われる鉄の消費量を1次データとして収集し，それに鉄のCO_2原単位を掛け合わせて，資源の採掘から自社の工場までのCO_2排出量を計算することが行われます．すなわち，鉄のCO_2排出原単位は，カーボンフットプリントでは「2次データ」として使用されます．

5.2 原材料調達と製造段階の計算

(1) 1次データの収集

製造段階での1次データの収集は，自社工程での資材・部品などの消費量と，電力，重油，上水などのいわゆるユーティリティの消費量を調べることが基本です．農産物であれば，肥料などの消費量とトラクターなどで使う軽油やガソリンの消費量を調べることになります．また，工場の空調・照明などで使われる電気の消費量や，自家発電設備があればそこでの重油などの燃料の消費量も調べられます．これらの1次データに，2次データと呼ばれる購入資材1kg当たりのCO_2排出量や電力1kWhのCO_2排出量等の原単位データを掛け合わせて製造段階のCO_2排出量が計算されます．

(2) 資 本 財

商品にかかわるものすべてを考えるというLCAの原則からは，商品の製造ラインの製造設備（資本財）の製造や農業のトラクターなどの製造に関するCO_2排出量や，営業・研究など間接部門のCO_2排出量も含まれるべきです．しかし，経済産業省の試行事業では，製造設備やトラクターの製造にかかわるCO_2排出量は，それらを運転するときに必要となる電気や重油の使用によるCO_2排出量よりも小さいことが通常なので，除外することが原則になっています．また，商品の生産にかかわるCO_2排出量を表示するという観点から，営業や研究などの間接部門のCO_2排出量も含まない原則になっています．

(3) 配 分

一つの工場で複数の商品を製造している場合がありますが，それ

ぞれの商品にかかわる電力，重油，上水などの使用量を製品ごとに分けて調べることが理想です．しかし，空調や照明のように，どうしても個々の商品に特定できないものの使用量は，商品の生産重量や生産金額などによって，それぞれの商品に「配分」されます．

さらに，一つの原料が二つ以上の商品に分けられるときは，配分を避けることはできません．例えば，図5.1に示すように小麦が小麦粉とふすま（皮のかす）に，また，牛が肉や内臓に分けられる場合がこれに相当します．「配分」は，LCAの基本的な問題の一つです．

LCAの国際規格であるISO 14040:2006とISO 14044:2006では，このような場合には，生産重量などの物理的な数値を基準に配分することが推奨されています．しかし重量を基準に配分すると，図5.1に示すように小麦粉とふすまの1 kg当たりのCO_2排出量は同じになります．重量を基準に配分するということは，商品の重量当たりの価値が，いずれも同じであることを想定しているからです．

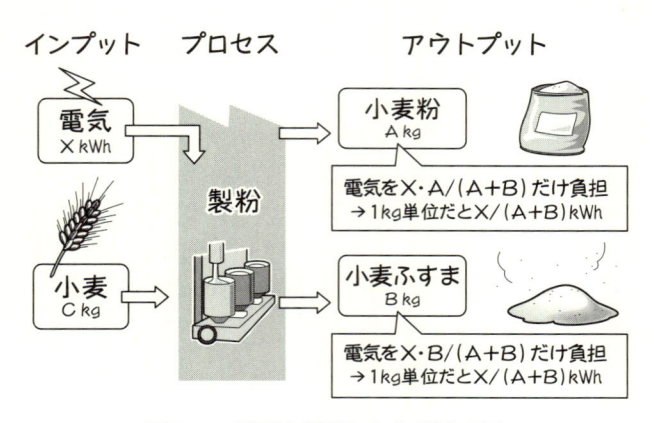

図 5.1 重量を基準にした配分方法

一方,商品の経済的価値(例えば販売金額)を基準に配分することにすれば,単位価格当たりのCO_2排出量はどちらの商品も同じになりますが,1 kg 当たりのCO_2排出量は価格が高いものほど大きくなります.小麦粉とふすまの場合では,キログラム当たりのCO_2排出量は,高く売られている小麦粉の方がふすまよりも大きくなります.英国のカーボンフットプリントの計算規則である PAS 2050 では,配分は商品の経済的価値を基準に行うことになっています.

経済産業省の試行事業では,商品ごとにプロダクトカテゴリールールで決定することになっています.2009 年度にカーボンフットプリントが検証された日本ハム(株)の「あらびきウンイナ」と「ロースハム」は精肉工程での配分を重量基準で実施しています.2009 年度に承認された商品のプロダクトカテゴリールールは,どれも配分は重量基準で行うこととされています.経済価値を基準とした配分は,小売価格の変動などに左右されると考えられるので,カーボンフットプリントを実施する企業は重量基準での配分を好む傾向があります.

しかし,消費者は,価格が高いものほどキログラム当たりのCO_2排出量が大きくなる経済的価値を基準とした配分の方が適当であると考える人が多いようです.

自家発電の燃料を自家発電で製造される電気と蒸気に配分するのも一つの原料が二つに分けられる例といえます.電気と蒸気は重量を基準にすることも,また同一工場内で使われるので生産金額を基準にすることもできません.通常は,それぞれがもつエネルギー量を基準に配分されます.

配分方法は,商品のCO_2排出量の計算結果に大きな影響を与えることが多いので,商品ごとのプロダクトカテゴリールールでその

方法を明確に示すことが重要です．

(4) 複数の事業所での生産

同一の商品が複数の工場で生産されることもよくあります．この場合は，工場ごとの生産量によって案分したCO_2排出量をカーボンフットプリントの数値とします．しかし，特別な工場で製造された商品にだけカーボンフットプリントを表示する場合は，その工場だけ調査してカーボンフットプリントを表示することも可能です．重要なことは，最もCO_2排出量が少ない工場のデータで，他の工場で生産された商品にカーボンフットプリントを表示してはならないということです．例えば，コンビニエンスストアのおにぎりは通常は複数の工場で作られます．単一の工場だけでデータを収集して，全工場でのデータとすることはできません．全工場のデータを調査して案分する必要があります．

(5) 季節性と地域性

季節によってデータに変動がある場合は，通常は1年間の平均をとります．また，一般のLCAでは，東京と大阪の工場では電力会社が違うので，1kWh当たりのCO_2排出量は異なる値を使用しますが，経済産業省の試行事業では，工場の場所が違うだけでCO_2排出量が異なるのは不公平であるという考えに基づき，日本全体で平均したCO_2排出原単位が用いられています．製品の使用段階も，どこで使用されるかわからないという観点から，日本平均のCO_2排出原単位が用いられています．しかし，ある特定の地域だけで製造・販売されている商品についてはその地域の特殊性を活かすべきという考え方もあり，今後のカーボンフットプリント制度の精緻化の過程で議論を進めるべき課題の一つです．

(6) カーボンニュートラル

家具や紙などいわゆるバイオマスを原料とする商品を焼却処分すると CO_2 が発生しますが,経済産業省の試行事業では,植林され管理されている森林から調達していることを条件に,バイオマス由来の CO_2 排出量は計算しないことが原則になっています.これは,バイオマスは成長時に大気中の CO_2 を固定しているので,焼却処分で発生する CO_2 は固定化された CO_2 と同量であるという「カーボンニュートラル」の考え方に基づいています.もちろんバイオマスを原料とする家具や紙などの商品の製造段階での CO_2 排出量は計算されなければなりませんが,焼却による CO_2 の発生量は無視することができます.それどころか,まだそういう例はありませんが,木材を大量に使って廃棄時に廃棄物発電をすれば,発電された電気の分だけ CO_2 排出量が削減されることになります.試行事業ではこのような場合はまだ想定していませんが,今後問題になるかもしれません.

英国では,家具などのバイオマスを原料とする商品は 100 年以上の保存を条件に,大気中の炭素を固定したものとして CO_2 排出量を減算することができることになっています.しかし,通常のLCA では,木材に蓄積された大気中の炭素は,焼却や自然に朽ちることでいずれ大気中に戻ることになると考えられており,木材製品による CO_2 排出量の減算は認められていません.経済産業省の試行事業でもこの考え方を踏襲しています.

(7) カーボンオフセット

カーボンフットプリントは,実際に発生している CO_2 排出量を計算することが原則です.したがって,植林などにより他所で削減された CO_2 を「カーボンオフセット」として購入することによる

CO_2排出量の減算は認められていません.

カーボンオフセットとの関係では,世界的にも「グリーン電力」の取扱いが問題になっています.グリーン電力の購入は,カーボンオフセットの一つなのでこれを認めないという考え方と,実際に電力購入費用として支払っているのでこれを認めるという考え方があります.経済産業省の試行事業でもまだ明確な方法が示されていません.今後,具体的な事例が出てくると思われるので,早急に決めなければならない課題の一つだと考えられます.

(8) 複数の納入業者がある場合の特例

缶飲料を製造する企業は,通常,複数の缶メーカーから缶を購入しています.このような場合,従来のLCAの考え方からすれば,すべての缶メーカーからデータを収集し,その使用割合に応じて案分しなければ1次データとして使用できません.しかし,缶飲料の製造企業が,缶の納入業者すべての1次データを収集することは非常に困難です.したがって,経済産業省の試行事業では,同一の原材料や部材を複数の企業から購入している場合は,使用している量の50%以上のデータを収集すれば,それを1次データと見なして使用することができるという特例が認められています.この特例は,「精米」のプロダクトカテゴリールールでも,精米する企業の上流にある農家の栽培データを収集する場合にも適用されています.この特例は,通常は2次データを用いるような場合でも,できる限り上流のデータを収集することを推奨するという考え方が背景になっています.

(9) リサイクル材の利用

CO_2排出量を削減するために,原材料調達の段階でリサイクルに

より再生された材料を使用することがあります．この場合は，リサイクル材料を製造するために消費される燃料や電気が原因となって発生するCO_2排出量を原材料調達段階で計算します．再生材料を製造するためにはエネルギーが必要なので，それに起因するCO_2が排出されます．経済産業省の試行事業では，このCO_2排出量は，再生材料を使用する商品が負う規則になっています．これは，新品の材料を使用する商品がその製造段階のCO_2排出量を計算しているので，再生材料を使用する商品がそれを製造するためのCO_2排出量を計算しなければ，新品の材料の方が大きな不利になるという考え方でできた規則です．

再生材料を使用した商品は，新品の材料を使用する場合よりもCO_2排出量が削減されたことを主張したい場合が多いのですが，経済産業省の試行事業では，この「仮想的な」CO_2削減量を減算することは認められていません．これを認めると，全体が再生材料で作られた商品のCO_2排出量がマイナスになる場合があるからです．

一方この規則では，「再生材料を使うことで新品の材料を使う場合よりもCO_2排出量を削減できる」という再生材料のCO_2排出削減効果を表現できません．そこで，この効果をカーボンフットプリントのマークの隣に「追加表示」することが認められています．

再生材料を製造するためには，廃製品を回収するためのエネルギーも必要になります．2009年度までの経済産業省の試行事業では，回収するためのエネルギーに起因するCO_2排出量も再生材料を使う商品が負うものとされていましたが，2010年度のルール見直しにより，廃製品の回収までは上流側の商品の廃棄段階に含まれることになりました．例えば廃プラスチックでは回収して「ベール化」するところまでは上流側の廃棄段階として計算され，それを使用して再生材を製造するところから再生材料を使う商品の原材料調達段

階として計算されます.

(10) シリーズ製品

ユニフォームなどの商品は,通常同じデザインでサイズだけが異なる商品が同じ商品名で販売されています.このような商品ではサイズの違いごとにカーボンフットプリントを計算し,その数値の検証を受けることは非常に大変です.そこで,サイズの相違によってカーボンフットプリントの数値が大きく異なることがないことを前提に,代表的なサイズで計算した結果を注釈を付けて他のサイズの商品にも表示することが認められています.

5.3 流通・販売段階の計算

経済産業省の試行事業では,商品の輸送の段階については,製造工場から物流拠点までを「燃料法」,「燃費法」,「改良トン・キロ法」のいずれかを用いて CO_2 排出量を計算することが通常行われます.物流拠点から販売店までの輸送については,プロダクトカテゴリールールでシナリオを仮定することが多く行われています.

2009年度までは,販売段階の CO_2 排出量が,店舗販売とカタログによる通信販売の割合をその商品の実態に合わせて設定し,計算されました.店舗販売では,ほとんどの場合,冷凍や冷蔵を必要とする商品と,しない商品のそれぞれについて設定された2次データが使われてきました.これらの2次データは,スーパーマーケットでのエネルギー消費量を販売した全商品の価格で案分した文献から引用し作成されたデータなので,小さくても高額な商品では CO_2 排出量が非常に大きく計算される結果になっており,問題とされていました.そこで2010年度のルールの見直しにより販売段階の

CO_2 排出量の適切な算定方法を定めることができるまでの暫定措置として，当面の間は販売段階の CO_2 排出量をカーボンフットプリントの算定に含めないことになりました．

製品を輸送する際の CO_2 排出

5.4 消費・使用・維持管理段階の計算

カーボンフットプリントでは，ライフサイクル全体の CO_2 排出量を計算するという原則から，使用段階でエネルギーの使用がまったく考えられない商品以外は，使用段階の CO_2 排出量を計算します．例えば，「文具・事務用品」や「筆記具類」のプロダクトカテゴリールールでは使用の段階の CO_2 排出量は計算しないことになっていますが，「菜種油」のプロダクトカテゴリールールでは，使用の方法として八宝菜の調理がシナリオとして設定され，調理に必要なガスの消費による CO_2 排出量が与えられています．「ユニフォーム」のプロダクトカテゴリールールでも電気洗濯機により衣服を洗濯するシナリオが設定され，電気，洗剤，水の消費による CO_2 排出量が計算されています．また，「ハム・ソーセージ類」のプロダクトカテゴリールールでは，そのまま食べることも想定されることから調理方法のシナリオはプロダクトカテゴリールールには特に記載せず，商品の包装材に記述されている調理方法がある場合にはそれを使用することになっています．また，家庭での冷蔵庫による

保存のシナリオを設定し，商品の容積に基づいた電気の消費量を計算することになっています．

「菜種油」のように様々な調理方法が想定される商品については，製造する企業が使用方法を想定することが困難なので，カーボンフットプリントの算定に含めないようにしたいという意見があります．また，2008年度の試行事業で計算されたシャンプーは，使用段階でお湯を使うことによるCO_2排出量がライフサイクル全体の排出量の約90％を占めます．このような商品も，製造段階でのCO_2排出量を削減する努力がカーボンフットプリントの結果に現れにくいので，使用段階のCO_2排出量を除外すべきという意見があります．一方で，使用の段階でのCO_2排出量の大きさを消費者に知らせることが重要なので，たとえシナリオであってもCO_2排出量の計算に含めるべきという考え方もあります．

使用段階のエネルギー消費の削減が特徴になっている商品では，使用段階のCO_2排出量を積極的に記載することが行われます．例えば，2008年度の試行事業に参加した日清食品ホールディングス(株)の即席ラーメンは，お湯で煮込む場合にはCO_2排出量が増加することを付加情報として記載していました．また，(株)日清製粉グループ本社のスパゲティは，早ゆでを可能にした商品では使用段階のCO_2排出量がさらに減ることを付加情報で示しました．さらに，(株)丸井グループのビジネスシャツも，形態安定加工を施すことにより，製造段階でのCO_2排出量は増加しますが，家庭での洗濯が可能になり，使用段階のCO_2排出量が削減でき，トータルでのCO_2削減効果が大きいことを付加情報で示しました．

これらの例で見られるように，使用段階のCO_2排出量を減らそうとすると，製造段階のCO_2排出量が増加することがあります．カーボンフットプリントに使用段階を含めることで，CO_2排出量の

[カラム 8] 製造段階と使用段階の比較

使用段階の CO_2 排出量の削減のために省エネルギー製品を製造すると，製造段階のエネルギー消費量が増加することがあります．製造段階で増加したエネルギー消費量を，使用段階の削減により何年で取り戻せるか計算した年数をエネルギーペイバックタイムといいます．

エネルギーペイバックタイム

$$= \frac{製造段階で増加したエネルギー消費量}{使用段階での 1 年間のエネルギー削減量}$$

エネルギーペイバックタイムは，製品のライフサイクルでエネルギー消費量を計算する LCA（ライフサイクルアセスメント）の応用の一つです．

エネルギーペイバックタイムは，エネルギーを CO_2 排出量に換算すれば，CO_2 ペイバックタイムとして考えることができます．

CO_2 ペイバックタイム

$$= \frac{製造段階で増加した CO_2 排出量}{使用段階での 1 年間の CO_2 削減量}$$

例えば，一般家庭の屋根置きの太陽光発電システムを製造するときに排出される CO_2 は，太陽発電システムによる発電で削減される CO_2 のだいたい 2 年分に相当します[*]．太陽光発電システムは 2 年以上使えば，CO_2 を正味に削減していることなります．

カーボンフットプリントが普及することで，技術や製品の開発による CO_2 排出削減量の評価がさらに進むと考えられます．

[*] みずほ情報総研，太陽光発電システムのライフサイクル評価に関する調査研究，NEDO 報告書 No.20090000000073，2008 年

使用段階での削減と，製造段階での増加を比較検討することが可能になり，実質的に CO_2 排出削減になる方向に向かうことが期待されます．

5.5 廃棄・リサイクル段階の計算

廃棄段階では商品を焼却したり，埋め立てたりします．廃棄・リサイクル段階では，そのときに使用する燃料や電気のエネルギーによる CO_2 排出量を計算します．

プラスチックの焼却ではプラスチックに含まれる炭素が CO_2 になります．これを CO_2 排出量として計算しますが，既に5.2節（6）で述べたように，木材やバイオマス製品に含まれる炭素が燃焼により CO_2 となる量は「カーボンニュートラル」なので CO_2 排出量に含めません．

廃商品を回収・リサイクルすれば CO_2 排出量を削減することができると考えられます．しかし，5.2節（9）で述べたように経済産業省の試行事業では，再生材料を製造するためのエネルギー消費に伴う CO_2 排出量は，再生材料を使う商品が負うとされています．再生されると考えられる廃棄物の回収のための CO_2 排出量は，上流側の製品のカーボンフットプリントとしては計算されます．

さらに，プラスチック製品から再生プラスチックを作れば，再生プラスチックを製造するために消費される電気や燃料の分だけ CO_2 排出量が増加しますが，廃棄されるプラスチックに含まれる炭素が焼却によって CO_2 となる量と，再生されたプラスチック製品と同じ製品が石油から新品として製造される場合に排出される CO_2 が削減されます．しかし，この「仮想的な」CO_2 排出削減量は，カーボンフットプリントのマークの横に「追加情報」として表示するこ

とは認められていますが,カーボンフットプリントとして減算することは認められていません.ここでは,再生材料を使う商品の場合の「追加情報」の表示と同じ考え方が適用されています.

5.6 表 示 方 法

今まで示してきたカーボンフットプリントの計算ルールは,その商品が実際に排出している CO_2 量を計算することを原則としています.したがって,「再生材料ではなく仮に新品の材料を使用したとすれば」というような,仮想的な場合を設定した CO_2 排出量はカーボンフットプリントそのものの計算としては許されません.ただし,「追加情報」として記述することは認められています.

このように,経済産業省の試行事業では,CO_2 排出量の削減を目的として,様々な「追加情報」の表示が認められています.例えば,「従来製品に対する削減率」,「業界標準値に対する削減率」,「使用方法に関する表示("こういう使い方をすれば,表示よりも GHG 排出量が少なくなります"といった表示など)」,「容器リサイクルに関する表示(使用後の空容器のリサイクルを促進するため"この容器が 100 % リサイクルされると表示以上に GHG 排出量が少なくなります"といった表示など)」です.

しかし,これらの表示内容についても,カーボンフットプリントの検証のときに承認を受けなければなりません.例えば,2009 年度の試行事業で承認されたエム・エム・プラスチック(株)の廃プラスチックを使用した「荷役・運搬用プラスチック製平パレット」は,新品の樹脂を使ったパレットより CO_2 排出量が削減されることを追加表示していますが,この場合は,新品の樹脂を使ったパレットと廃プラスチックを使ったパレットの両者の認証を受け,その差を

追加表示しています．今後の試行事業で，様々な「追加情報」の認証基準を明確にし，CO_2 排出削減に取り組む企業の姿勢を表現しやすくすることが重要と考えられます．

5.7 カーボンフットプリントの計算例

2008 年度の経済産業省の試行プロジェクトでの試行例から，特徴的なものとして，日用品 [花王(株)：シャンプー]，衣料品 [(株)丸井グループ：ビジネスシャツ]，加工食品 [(株)日清製粉グループ本社：乾麺(スパゲティ)]，農産物 [イオン(株)：米] を取り上げ，試行プロジェクトで公開された情報の概要を以下に紹介します[2)]．

■計算例1

花王(株)は，通常のポンプ式ボトル入りのシャンプーのほか，詰替え商品，ポンプなしの商品 (レギュラー) の 3 商品についてカーボンフットプリントを算定し，2008 年 12 月の「エコプロダクツ 2008」展示会で展示しました．中身 1 ml 当たりの温室効果ガス排出量は，ポンプ品 (21.3 g/ml) ＞レギュラー品 (21.2 g/ml) ＞詰め替え品 (21.0 g/ml) の順であると発表しています．この違いは容器の CO_2 排出量に起因していると思われます．

表 5.1 に (メリットシャンプーレギュラー 300 ml) の試行算定結果を示しました．使用段階で，シャンプーを使うための湯を沸かすための水，燃料 (水道水製造，都市ガス燃焼，ポンプ電力) による CO_2 排出量が算定されているので，使用段階の CO_2 排出量が全体の 88 % を占めることが示されています．また，商品販売の CO_2 排出量は，試行プロジェクトで事務局から提示された店頭売価当たりの排出量原単位に基づいて算定され，商品廃棄・リサイクルの

表5.1 カーボンフットプリント試行算定結果（シャンプー）[2]

商品名　：花王(株)「メリットシャンプー レギュラー」 商品数量：300 ml							
プロセス名	原材料調達	商品生産	商品輸送	商品販売	商品使用	商品廃棄リサイクル	合計
CO_2 排出量 【g-CO_2/商品】	339 g	66 g	32 g	66 g	5,598 g	265 g	6,366 g
CO_2 排出割合 【％/商品】	5.3 %	1.0 %	1.5 %		88.0 %	4.2 %	100 %

CO_2排出量は，下水処理，廃容器処理のCO_2排出量が算定されています．

■計算例2

(株)丸井グループは，紳士ビジネスシャツ［プライベートブランド「ビサルノ」，商品数量：240 g（1枚当たり・内容量）］についてのCO_2排出量を算出しました（表5.2参照）．原材料である綿は，米国，エジプトより50％ずつ調達されたものとされています．生産過程は紡績・織布・染色・縫製工程に分類し，プロセスごとに実測し，できあがる製品間で案分して算出しています．販売についても，全店舗のCO_2排出量を展開面積・回転率を考慮して案分して算出しています．本体のほか，副資材（ボタン）・包装材も含めて計算されており，これらは原材料調達に含まれています．

この商品は，従来の形態安定加工の性能を大幅に向上させるとともに，吸水・速乾性に優れた性質をもつ素材が使用されており，同社の形態安定加工を施していない商品と比べると，クリーニング（使用段階）でのCO_2排出量が大きく削減され全体のCO_2排出量は約4割程度低減されていると表示されています．

表 5.2　カーボンフットプリント試行算定結果（シャツ）[2)]

商品名　：丸井グループ プライベートブランド「ビサルノ」 商品数量：240 g（1枚当たり・内容量）							
プロセス名	原材料調達	商品生産	商品輸送	商品販売	商品使用・維持管理	商品廃棄リサイクル	合計
CO_2 排出量【g-CO_2／商品】	571 g	8,480 g	112 g	95 g	502 g	52 g	9,812 g
CO_2 排出割合【%／商品】	6 %	86 %	2 %		5 %	1 %	100 %

■計算例 3

（株）日清製粉グループ本社は，スパゲティ［マ・マー スパゲティ 1.6 mm，日清フーズ（株），NET 300 g］の CO_2 排出量を計算しています（表 5.3 参照）．原材料調達は，製粉会社が参加している製粉協会の CFP 研究会で算出した排出原単位（暫定値）の提供を受け計算しています．また，商品販売の CO_2 排出量は，試行プロジェクトで事務局から提示された店頭売価当たりの排出量原単位に基づいて算定され，商品使用段階は，スパゲティを1リットルの水とガスコンロで，メーカー推奨の標準レシピで茹で上げた場合を仮定し算定しています．さらに，商品使用段階（家庭での調理）の排出量が大きな割合を占めていることから，今後，環境に配慮した調理の工夫やキッチン・給湯システムの環境配慮などにより排出量を低減することが可能であることを示し，また，スパゲティに独創的なカットを入れることで早ゆでを可能にした「マ・マー プロントスパゲティ」では，商品使用段階での排出量を15%程度低減することができると説明しています．

5.7 カーボンフットプリントの計算例

表 5.3 カーボンフットプリント試行算定結果（スパゲティ）[2]

商品名 ：(株)日清製粉グループ本社［日清フーズ(株)］「マ・マー スパゲティ」商品数量：NET 300 g							
プロセス名	原材料調達	商品生産	商品輸送	商品販売	商品使用・維持管理	商品廃棄リサイクル	合計
CO_2 排出量【g-CO_2/商品】	187 g	107 g	2 g	30 g	227 g	7 g	560 g
CO_2 排出割合【%/商品】	最も排出割合の高い商品使用段階に絞って表示（商品使用段階 40 %）						

■計算例 4

イオン(株)は，米［トップバリュグリーンアイ あきたこまち(秋田県産)内容量 5 kg］の地球温暖化ガス排出量を計算しています（表5.4 参照）．

この計算では，栽培，産地での運搬・工場までの輸送，包装材について 2007 年度および 2008 年度の実績値を使って 1 次データを収集しています．栽培の段階では，「製品向けおよび自家消費向けの生産物，最終製品の精米と糠を共に有価物販売で総量に含めた」と説明されています．種子は 2 次データがなく未計上，用水はポンプ稼動の 1 次データが算定され，産地での運搬・工場までの輸送は燃費法で計算されています．販売段階は独自のシナリオに基づき，常温品の店頭売価当たりの排出量原単位を用いて計算しています．この計算結果は，農業プロセスにおける自然由来の温室効果ガス 3,119 g を含んでいると表示されています．また，エネルギー使用量削減について，「130 軒の農家が集まり，農事組合法人を設立．各農家別だった作業を，全体で作業効率を考えながら栽培することで，

表 5.4 カーボンフットプリント試行算定結果（米）[2]

商品名　：イオン(株)「トップバリュグリーンアイ　あきたこまち」（秋田県産） 商品数量：5 kg							
プロセス名	原材料調達	商品生産	商品輸送	商品販売	商品使用・維持管理	商品廃棄リサイクル	合計
CO_2 排出量【g-CO_2/商品】	5,168 g	128 g	85 g	1,006 g	1,296 g	47 g	7,730 g
CO_2 排出割合【%/商品】	「つくる」,「はこぶ・はんばい」,「つかう・すてる」に分けて，円グラフ（数値表示なし）で表示							

トラクターなどの燃料の削減に取り組んでいる」とし，今後も「農薬・肥料の使用量削減」や「袋素材の強度を上げることで袋を薄くする CO_2 削減」に取り組むことを説明しています．

この他にも 2008 年度，2009 年度の試行結果を経済産業省の試行事業のホームページで見ることができます [1]．

引用・参考文献

1) カーボンフットプリント試行事業のホームページ：
   http://www.cfp-japan.jp/
2) 稲葉敦 (2009)：カーボンフットプリントの現状と展望，日本 LCA 学会誌，Vol.5, No.2, pp.221-229

第6章

我が国のカーボンフットプリント制度の今後の課題

　前章では，2008年度と2009年度に行われた経済産業省の試行事業におけるカーボンフットプリントの計算方法の概要を説明しました．この章では，この事業を進める中で浮かび上がってきた今後の課題について考え，2010年度の試行事業での扱いが決まっているものについてはそれを述べます．

6.1　計算と表示に関する課題

（1）中間財のカーボンフットプリント

　経済産業省の試行事業は2008年度に開始されたときには，主としてスーパーマーケットやコンビニエンスストアで販売されている食品や日用品を対象としてきました．このことは，表2.1に示した2008年度に試行事業に参加していた企業と「エコプロダクツ2008」で展示した商品を見てもよくわかります．2008年度の試行事業には，最終商品ではない企業は，包装容器メーカーしか参加していません．

　しかし，2009年度の経済産業省の試行事業では，表2.3に示したように，消費者がスーパーマーケットやコンビニエンスストアで目に触れることがない商品のプロダクトカテゴリールールがかなり多く承認されています．

　一般のスーパーマーケットでは販売されていないと考えられるも

ののうち，ユニフォーム，オフィス家具，消火器，紫外線水平照射型の空気清浄機，食品廃棄物を原料とした有機質の液体肥料などは消費者も専門店などで購入する可能性があります．また，食器（陶磁器製品および合成樹脂製品）も実際にカーボンフットプリントの検証を受けているのは給食用の食器ですので，一般の消費者が購入するものではありませんが，一般の消費者も使うことがある最終製品と考えることができます．しかし，「平版印刷用PS版」，「無機性汚泥を原料とする再生路盤材」，「汎用鋼管杭」，「リユースバッテリー（産業用鉛蓄電池）」，「荷役・運搬用プラスチック製平パレット」は明らかに産業用の商品です．また，「金属製容器包装」，「プラスチック製容器包装」，「紙製容器包装」も最終製品の包装材料ですから産業用の商品と考えることが一般的と思われます．

消費者が購入し使用する最終製品は，一般にB2C（Business to Consumer：事業者から消費者への）製品と呼ばれます．これに対して，事業者を購買の対象にしている製品はB2B（Business to

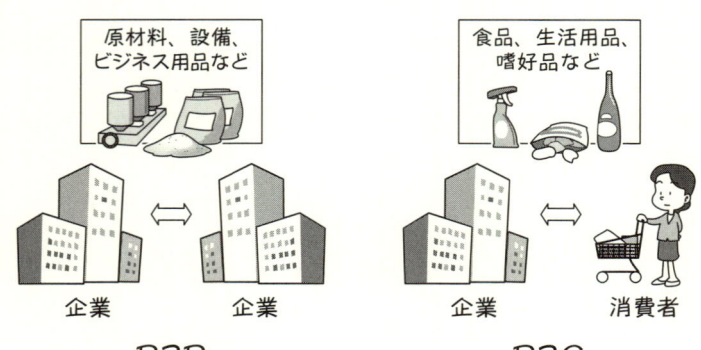

B2B製品とB2C製品

Business：事業者から事業者への）製品，または中間財と呼ばれます．

　経済産業省の試行事業では，産業界で使われる中間財のカーボンフットプリントも認めています．例えば，2009年度の試行事業では，「出版・商業印刷物」，「ガラス製容器」，「廃棄物焼却処理・埋立処分」の三つについて中間財としてのプロダクトカテゴリールールが承認されています．経済産業省の試行事業では，中間財はその商品の製造までのCO_2排出量を計算すればよいことになっています．その代わり，カーボンフットプリントのマークを使用することができません．

　逆にいうと，企業間で売買されるB2Bの商品でも最終製品と同じように，「原材料・部品の調達」，「製造」，「流通・販売」，「消費・使用・維持管理」，「廃棄・リサイクル」の五つのステージのCO_2排出量が計算されていれば，最終製品のカーボンフットプリントとして試行事業のマークを使うことができます．したがって，「金属製容器包装」，「プラスチック製容器包装」，「紙製容器包装」は飲料などの包装に使われ，最終製品の一部になるものですが，それ自体の使用段階や廃棄・リサイクル段階を設定し，最終製品としてのカーボンフットプリントのプロダクトカテゴリールールが承認されています．

　「中間財」として承認されると，経済産業省の試行事業のカーボンフットプリントのマークが使用できません．これは，ライフサイクルステージが異なる商品のカーボンフットプリントを判断しなければならない消費者の混乱を避けるという配慮が背景にあります．しかし，試行事業のマークが使えなければ，経済産業省の試行事業に参加し，認証されていることを説明することが非常に困難です．このことが，一般的には「中間財」と認められる商品が「中間財」

として申請されず,すべてのライフサイクル段階を揃えた B2C 製品として申請される一つの理由であると思われます.

さらに,アルミニウムを使った「平版印刷用 PS 版」や「金属製容器包装」,「プラスチック製容器包装」,「紙製容器包装」はそれ自体のリサイクルを製造企業が積極的に進めているので,中間財として製造までのカーボンフットプリントを取得すると,リサイクルによる CO_2 排出削減の努力が表現できないという事情もあります.また,アルミ部材の使用で自動車が軽量化されることで使用段階の CO_2 排出量が削減されるように,中間財として販売される製品の製造段階までの CO_2 排出量の計算では,その中間財の最終製品の CO_2 排出量削減への寄与を表現することができないという事情もあります.

企業間で売買される中間財すなわち B2B の製品は,一般の消費者の目に触れることは少ないのですが,製品の製造段階,使用段階,廃棄・リサイクル段階のそれぞれで CO_2 排出量を削減する努力をしている企業が多くあります.これらの企業の製品のカーボンフットプリントをどのように計算するか,またそれを表示するマークをどうするか,今後の工夫が望まれます.

(2) ICT(情報通信技術)を用いたサービス

2009 年度の経済産業省の試行事業で承認された「ポータルサイト・サーバ運営業におけるサービスの一種である ICT ホスティングサービス」と「電子黒板を用いた遠隔会議システム」は,いずれも情報機器を用いた技術的サービスを販売しているものと考えることができます.この二つはビジネスの形態が企業向けで,しかも手にとって見ることができないシステムやサービスを販売することに特徴があります.

テレビ会議　　　　　　　　　出　張

テレビ会議と出張

　ICT技術によるサービスの普及は今後のCO_2排出量の削減に大きく寄与すると考えられています．例えば2009年度に承認された「電子黒板を用いた遠隔会議システム」（テレビ会議）は，従来の「人が移動する出張」を減らすことでCO_2の排出削減を果たし，また「ICTホスティングサービス」では，各社がそれぞれコンピュータを導入・維持するよりもコンピュータの周辺機器を含めた維持・管理が効率的に行えますし，コンピュータを運用するプログラム開発も集中的・効率的に行えると思われます．

　これらのシステムやサービスでは，従来の「モノづくり」を想定した，「原材料・部品の調達」，「製造」，「流通・販売」，「消費・使用・維持管理」，「廃棄・リサイクル」というライフステージの区分けが成立しません．例えば，使用するコンピュータなどの機器は，システムを構成する要素と考えれば「原材料・部品の調達」に入るのが妥当と思われますが，商品を構成する「資本財」と考えれば，現状の経済産業省の試行事業の規則では原則としてカーボンフットプリントの計算からは除外されます．さらに，これらのサービスの基幹となるプログラムを作る労働にかかわるCO_2排出量をどのように計算するかも考えなければなりません．2009年度の試行事業

では，コンピュータなどの機器の製造にかかわるCO_2排出量は，「電子黒板を用いた遠隔会議システム」では計算し，「ICTホスティングサービス」では除外しています．プログラムの作成にかかわるCO_2排出量はどちらも計算していません．

さらに，前述したように，ICTを用いた技術的サービスを実施する企業は，従来のICTを使わない場合と比較したCO_2排出量の削減を主張することを考えている場合が多いのです．例えば，「電子黒板を用いた遠隔会議システム」は「人の移動を伴う出張」とのCO_2排出量の比較をしたいと考えられます．しかし，LCAの考え方の基本は，比較する場合は「機能」を同一にすることですから，「電子黒板を用いた遠隔会議システム」は「人の移動を伴う出張」とは準備にかかる時間も違い，また会議に伴う人の交流方法も異なりますので，機能が同一とは言い切れません．

ICTを用いたサービスのカーボンフットプリントの計算方法と，そのCO_2削減量の主張をどのように表現するかは，ICT産業が今後大きく成長すると考えられるだけに，カーボンフットプリント制度にとっても大きな課題になっています．

(3) 2010年度の新しい計算ルール

2009年度の試行事業の結果を踏まえて，2010年度のカーボンフットプリント試行事業では，計算ルールのいくつかが変更されることになりました．主な変更点を次に示します．

(a) カットオフ基準の変更

2009年度まではカットオフしてよい範囲，すなわちカーボンフットプリントの計算に入れなくてよいプロセスは，「原材料・部品の調達」，「製造」，「流通・販売」，「廃棄・リサイクル」のそれぞれの段階で，CO_2排出量の5％までと決められていました．これを商

品のライフサイクル全体での5％をカットオフしてよいことになりました．これは，全体のカーボンフットプリントの数値に影響を及ぼさないプロセスを詳細に計算しなければならない非効率さを排除するという考え方が基礎になっています．事業者によるカーボンフットプリントの計算ですから，企業の主体的な部分である製造段階については，その CO_2 排出量がライフサイクル全体の5％未満だからといって，製造段階そのものをカットオフすることは認められていません．

また，ライフサイクルの各段階で，それぞれの測定項目の CO_2 排出量の全体への寄与を事前に把握するために，プロダクトカテゴリールールの申請時にカーボンフットプリントを大まかに計算することが推奨されることになりました．4.1節（2）に述べたように，既存のデータベースを用いて大まかにインベントリ分析を実施することは，LCAの初期段階としても非常に有用です．プロダクトカテゴリールールの速やかな作成にも大きな役割を果たすことでしょう．

(b) 販売段階の計算を除くこと

5.3節に述べたように，店舗販売で使われる2次データは，スーパーマーケットでのエネルギー消費量を販売した全商品の価格で案分した文献から引用したデータなので，小さくても高額な商品では CO_2 排出量が非常に大きく計算されることが問題となっていました．2009年度の試行事業で，この問題を解決するために店舗販売の2次データの作成が試みられたのですが，よいデータを得ることができませんでした．そこで，2010年度の試行事業では，暫定的に販売段階の計算は省くことになりました．

この措置は，冷凍食品のように輸送や販売の段階で冷蔵庫を使用

する商品のカーボンフットプリントを正確に把握できない危険をはらんでいます．あくまでも暫定的な措置であることを認識し，早急に販売段階のカーボンフットプリントの計算方法を確立する必要があります．

(c) 廃棄・リサイクルの扱い

2009年度に承認されたプロダクトカテゴリールールの中で，「食品廃棄物を原料とした有機質の液体肥料」，「無機性汚泥を原料とする再生路盤材」，「荷役・運搬用プラスチック製平パレット」，「リユースバッテリー（産業用鉛蓄電池）」は，再生材料を使用することを念頭に置いたプロダクトカテゴリールールです．また，中間財として承認された「廃棄物焼却処理・埋立処分」は廃棄物処理そのもののサービスです．

5.5節に述べたように，再生材を製造するために必要とされる廃製品の回収と再生材製造のためのCO_2排出量を，廃棄物となる製品に計上するのか，再生材を使用する製品が負うのかが，2009年度の試行事業で大きな課題として抽出されました．そこで，2010年度の事業を開始する際に，廃棄物を回収し再生材に加工するためにまとめる段階までは上流の製品が，まとめられた廃棄物を再生材に加工することから以降は再生材を使用する製品が計算することになりました．例えば，廃プラスチックの再生では，廃プラスチックを集めてまとめるベール化と呼ばれる段階までは上流の製品が分担し，それ以降を下流の再生材を使う製品が受けもつことになりました．

循環型社会の構築は社会的に大きな課題であり，CO_2排出量の削減への寄与も今後明確にしていく必要があります．様々な廃棄物処理技術と再生材を用いた製品のカーボンフットプリントの実施を進

6.1 計算と表示に関する課題 113

め,さらに詳細な事例を蓄積していくことが必要です.

(4) 表示方法の課題

現状の経済産業省の試行事業ではカーボンフットプリントは商品単位で表示することになっています.しかし,複数の商品を束ねて販売している商品では,1個当たりの表示の方が理解しやすいという意見があります.またジュースなどの飲料では,販売容器全体よりも1リットルなど容量単位の方が,また洗剤などでは1回の使用あたりでの表示がよいという意見があります.このため,「エコプロダクツ 2009」では,パックコーヒーや衣料用洗剤などで商品単位ではない表示方法が試され,どちらがわかりやすいか来場者へのアンケート調査が実施されました.その時に使用した表示の例を図 6.1 に,その結果の例を図 6.2 に示します.結果は,複数の商品がパックされた商品では,中身の1個当たりの表示がよいという意見が若干多く,菜種油や洗剤など消費者が自分で分量を量る商品では1回当たりの表示よりも商品全体での表示が好まれる傾向がありま

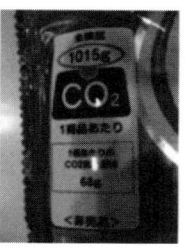

「エコプロダクツ 2009」で実施.左はネスレ日本(株)の5個組のカップ入りインスタントコーヒー,右は同社の袋入りチョコレート菓子(キットカット).

図 6.1 商品へのカーボンフットプリントの表示方法に関するアンケートで展示した商品

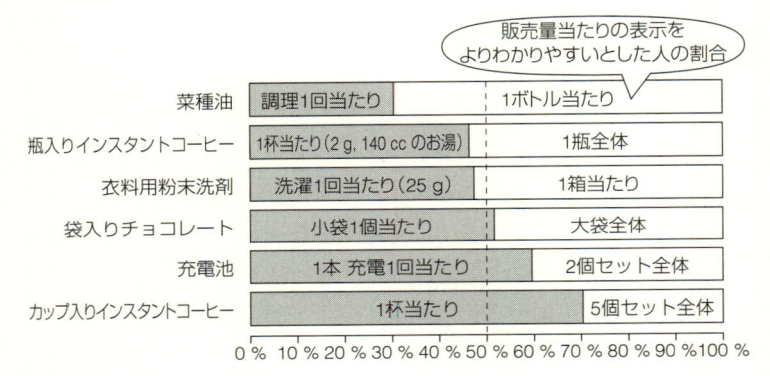

第6章 我が国のカーボンフットプリント制度の今後の課題

```
                              販売量当たりの表示を
                              よりわかりやすいとした人の割合

         菜種油  │ 調理1回当たり        │   1ボトル当たり          │
瓶入りインスタントコーヒー │ 1杯当たり(2 g, 140 cc のお湯) │ 1瓶全体 │
    衣料用粉末洗剤 │ 洗濯1回当たり(25 g) │    1箱当たり           │
    袋入りチョコレート │ 小袋1個当たり     │    大袋全体           │
         充電池  │ 1本 充電1回当たり   │    2個セット全体        │
カップ入りインスタントコーヒー │     1杯当たり        │   5個セット全体        │
            0% 10% 20% 30% 40% 50% 60% 70% 80% 90% 100%
```

「エコプロダクツ2009」(2009年12月10日～12日，東京ビックサイト) で実施．菜種油や瓶入りインスタントコーヒーは商品単位での表示が，また複数の製品が一つの包装材で梱包されている商品では中身1個当たりの表示が好まれる傾向にある．

図 6.2 商品へのカーボンフットプリントの
表示方法に関するアンケート結果 [1]

した．しかし，いずれの表示方法も極端な優劣がなく，今後さらに検討を続けることが必要と思われます．

ちなみに，2009年度の試行では，「バナナ」と「野菜および果実」のプロダクトカテゴリールールで「100 g 当たり」のカーボンフットプリントの表示が認められています．これらの商品は，販売単位の重量がまちまちであることから，「量り売り」が「販売単位」であると解釈されたからです．

消費者が混乱せずに理解しやすく，また企業が実施しやすい表示を商品ごとに考えることが必要です．

6.2 制度の運営にかかわる課題

(1) 1次データの収集範囲の明確化と事務局による2次データの提供

今まで，サプライチェーンのグリーン化，すなわち企業に素材や部材を納入する上流企業とともに CO_2 排出量を削減することが，経済産業省のカーボンフットプリント試行事業の目的の一つであると認識されてきました．したがって，カーボンフットプリントの計算も上流企業のプロセスすべてを1次データとして調査することが原則とされ，それができない場合に限って2次データの使用が認められる原則になっていました．

この原則に従って，それぞれの商品のカーボンフットプリントの計算ルールであるプロダクトカテゴリールールを決めるときに，必ず1次データを収集しなければならない項目と「2次データを使用してもよい項目」を定めることが行われてきました．

「2次データを使用してもよい項目」は実際には2次データを使って計算されているにもかかわらず，1次データとして調査することが原則なので，プロダクトカテゴリールールにその調査方法を詳細に記述しなければならず，これがプロダクトカテゴリールールがわかりにくく複雑になる一因になっていました．

そこで，2010年度の試行事業では，「2次データを使用してもよい項目」を定めるのではなく，「2次データを使用する項目」を定める方向でプロダクトカテゴリールールを作成することになりました．このことは，カーボンフットプリントの目的の一つであるサプライチェーンのグリーン化を弱くする方向に働く可能性があります．一方で，1次データを収集する範囲が明確になり，カーボンフットプリントの実施が容易になり，カーボンフットプリントを実施する

商品が増加することが期待されます．

　また今までは，どの商品でも共通に使用される2次データ，すなわち「共通原単位」以外の2次データは，カーボンフットプリントを実施する企業の責任で収集することが原則となっていました．これは，2次データは1次データが収集できない場合の代替なので，企業に収集する責任があるという考え方が基になっています．

　しかし，実際には「共通原単位」以外の2次データは，どの企業でも共通に使うことができるように，試行事業の事務局が管理し，新しい実施者に提供できるように運営されてきました．これは，カーボンフットプリントの実施者が関与していない2次データの相違が原因となって商品全体のカーボンフットプリントの数値が異なる結果になることを避けるためです．2010年度の試行事業では，この実態を認め，カーボンフットプリントの事務局が「共通原単位」以外の2次データも管理・提供して進めることになりました．後述するように，「共通原単位」の拡充と整備は将来のカーボンフットプリントの運営者，すなわちプログラムホルダーの重要な仕事です．将来の自主的運営に向かった方向ということができます．

(2) プロダクトカテゴリールール (PCR) の体系化と「広範囲のPCR」

　2009年度の試行事業では，プロダクトカテゴリールール（PCR）の作成申請は企業の自主性に任されていました．したがって，「包装容器」のように，複数の企業が協力し，調整して作成されたPCRは，複数の企業の複数の商品が含まれるように適用範囲が広いPCRになっていますが，一方で「キャンデー（醤油で味付けした商品）」のように1社の1製品だけにしか適用できないPCRもあります．

また，カーボンフットプリントが様々な製品で実施されるようになると，非常に機能が似ている製品のPCRの整合性を考える必要が生じます．2009年度の試行事業でも，「バナナ」と「野菜および果実」のPCRがそれぞれ別々に作成されていますが，それぞれ商品の包含関係を考えて，PCRを体系化することが必要と考えられます．また後述するように，上流の製品のカーボンフットプリントの計算結果が下流の製品の2次データとして使える可能性もあるので，カーボンフットプリント付き商品を体系的に整理することが今後必要になると思われます．

2010年度の経済産業省の試行事業では，PCRの体系化を検討するために，「エネルギーを使用する製品」と「エネルギーを使用しない製品」という広範囲な商品を対象とするPCRを作成し，様々な製品のカーボンフットプリントを実施してみることになりました．どの程度の粗さ，逆にいえば詳細さのPCRが必要とされるか実験する試みです．

第3章で述べたように，英国にはPAS 2050というすべての商品が守らなければならない基本のルールが一つしかありません．この基本ルールだけで様々な商品のカーボンフットプリントが実施されています．消費者に計算の仕方を明示し，また消費者がスーパーマーケットで商品に表示されたCO_2排出量を見ることを想定したときに，どのような範囲でのPCRが必要とされるか，2010年度の広範囲な商品を対象としたPCRの実験結果を踏まえて検討することが必要です．

(3)「共通原単位」の課題

第5章に示したように，対象となる商品の原材料の多くは，2次データを使ってCO_2排出量を計算します．また，「流通・販売」，

「消費・使用・維持管理」の段階でもシナリオを設定して2次データを使ってCO_2排出量を計算することが多く行われます．カーボンフットプリントでどの商品でも共通に使用される2次データ，すなわち「共通原単位」の整備は，2010年度も試行事業の中核として進められています．

公開されている「共通原単位」の多くは，文献や統計を使って作成されていますが，カーボンフットプリントが普及すれば，1次データを収集する商品が多くなり，その結果を基に「共通原単位」を改善することが可能になると思われます．また現在でも，「LCA日本フォーラム」が整備している「LCAデータベース」に様々な工業会が主要な製品のLCAのデータを登録しており，これらのデータも試行事業の「共通原単位」の作成に活用されていますが，カーボンフットプリントが普及すれば，さらに工業会のデータベースが充実するかもしれません．

このように，LCAやカーボンフットプリントの調査の進展によって，「共通原単位」は修正・更改されていくべきものですが，その頻度が激しいと，同じ商品のカーボンフットプリントがたびたび変わることになります．したがって，「共通原単位」の更改の頻度を考え，「共通原単位」の発行された年月を基に「第〇版共通原単位」として整理する必要があります．また，既に商品に表示されているカーボンフットプリントがいつの時点の「共通原単位」を使ったものであるか明確に示す運営が必要です．

(4) プロダクトカテゴリールールの認証とカーボンフットプリントの検証方法

2009年度の経済産業省の試行事業では，事務局に原案が提出された「プロダクトカテゴリールール」を「PCR委員会」で審議し，

それが承認された後に計算されたそれぞれの製品の「カーボンフットプリント」を同じ「PCR 委員会」で検証する作業を実施してきました．

プロダクトカテゴリールールの承認のためには，まず事務局が推薦した 2 名の「レビューア」が事前にプロダクトカテゴリールールの原案の妥当性を検討し，そのレビューアの報告を基に PCR 委員会で審議してきました．個々のカーボンフットプリントの検証も同様です．一件ごとにプロダクトカテゴリールールの原案を複数のレビューアがチェックし，また，個々の商品のカーボンフットプリントを一つずつ検証するこの方法は，非常に厳密ですが，手間がかかり，そのために費用と時間がかさみます．

4.3 節で紹介した LCA の結果を開示する「エコリーフ」では，個々の製品の数値を検証するのではなく，事前にその企業の LCA の実施能力を認証する「システム認証」を導入しています．「シムテム認証」を受けた企業は，個別の商品の数値を検証を受けないで，エコリーフのマークを使って開示することができます．

さらに簡便には，プロダクトカテゴリールールに則って計算したことを「自己宣言」し，事務局に通知するだけで，カーボンフットプリントのマークを使って表示することを許可する方法も考えられます．これは「システム認証」よりさらに企業の能力と責任を信用する方法ですが，事後のサンプルチェックと，自己宣言が虚偽であったときの罰則を厳しくすることが必要でしょう．

カーボンフットプリントが普及しその商品数が増加すると，一つひとつの商品のカーボンフットプリントを検証する作業が膨大になります．信頼性を維持しながら，検証の作業をいかに簡便化し，社会の中でどのように分担するか，今後の課題になると思われます．言い換えれば，簡便にすることができなければ，カーボンフットプ

リントを普及することができないかもしれません.

(5) プログラムホルダー

4.3節で紹介したように，LCAの結果を開示するタイプⅢのエコラベルの国際規格では，このラベルを運営する機関を「プログラムホルダー」と呼んでいます．カーボンフットプリント制度では，プログラムホルダーの主要な役割は，プロダクトカテゴリールールの制定と管理を行い，また，「共通原単位」を整備してカーボンフットプリントの実施者に提供することです．

経済産業省の試行事業は，単年度の受託事業として行われているので，毎年事務局が変わっていますが，試行事業が終了したあとのプログラムホルダーを養成する必要があります．この制度が将来的に自立するための運営方法を確立することが必要です．

引用・参考文献

1) 加地靖 (2010)：カーボンフットプリント制度試行事業で取り上げられた主な論点について，日本LCA学会誌，Vol.6, No.3, pp181-186

第7章

国際的にはどのようなことが議論されているのでしょうか？

 第4章に詳しく書きましたが，カーボンフットプリントはLCA（ライフサイクルアセスメント）の方法で温室効果ガスの排出量を計算することが基礎になっています．LCAの国際規格は，図7.1に示すように環境マネジメント規格を発行するISO（国際標準化機構）のTC 207（Technical Committee 207：技術委員会207）のSC 5

ISO14000シリーズとライフサイクルアセスメント（LCA）

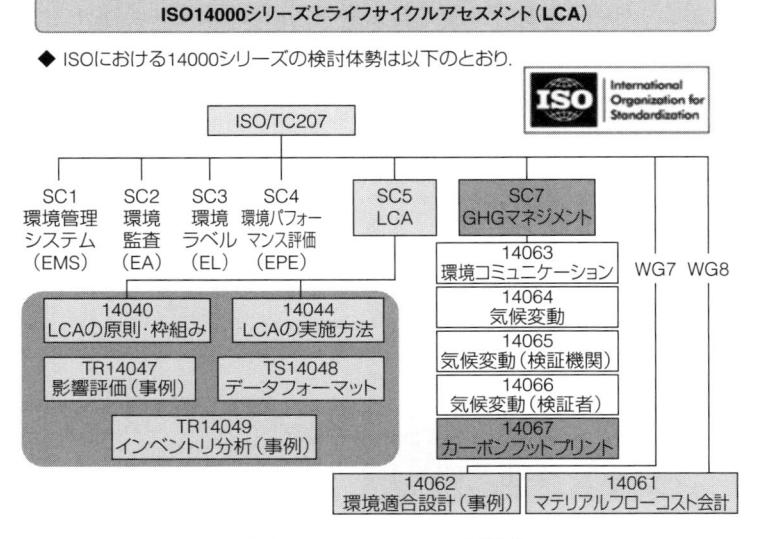

◆ ISOにおける14000シリーズの検討体勢は以下のとおり．

- ISO/TC207
  - SC1 環境管理システム（EMS）
  - SC2 環境監査（EA）
  - SC3 環境ラベル（EL）
  - SC4 環境パフォーマンス評価（EPE）
  - SC5 LCA
    - 14040 LCAの原則・枠組み
    - 14044 LCAの実施方法
    - TR14047 影響評価（事例）
    - TS14048 データフォーマット
    - TR14049 インベントリ分析（事例）
  - SC7 GHGマネジメント
    - 14063 環境コミュニケーション
    - 14064 気候変動
    - 14065 気候変動（検証機関）
    - 14066 気候変動（検証者）
    - 14067 カーボンフットプリント
  - WG7 14062 環境適合設計（事例）
  - WG8 14061 マテリアルフローコスト会計

図 7.1 ISO/TC 207 の構成

(Subcommittee 5：分科委員会 5）で議論され，発行されてきました．また，LCA で計算された結果を開示するタイプⅢのラベルは，SC 3 で議論され発行されてきました．

しかし，カーボンフットプリントの新しい国際規格は，2007 年に温室効果ガスの算定方法を議論する SC 7（GHG マネジメント）で議論されています．

この章では，カーボンフットプリントの国際標準化の動きと，そこでの主な議論を紹介します．

7.1　国際標準化の経緯

カーボンフットプリントの国際規格は，TC 207 の SC 7 で 2008 年に新しい作業提案がなされ，これが各国の投票により可決されて 2009 年 1 月からその作業が始まっています．

表 7.1 に，今まで各章で述べてきたカーボンフットプリントの世

TC 207 の国際会議

表 7.1 カーボンフットプリントの世界の動きと国際標準化の動向

2006 年 12 月	英国テスコ社がカーボンフットプリントの実施を宣言
2007 年春	英国で試行販売開始
2007 年 6 月	TC 207/SC 7（GHG マネジメント）が新規格化の検討を開始
2008 年 6 月	フランスで試行販売開始
2008 年 6 月	福田首相「低炭素社会ビジョン」でカーボンフットプリントの実施を明言
2008 年 6 月	TC 207/SC 7 で新規格の作業提案，各国投票の実施，11 月に可決
2008 年 7 月	経済産業省がカーボンフットプリント試行事業を開始 ISO 対応の国内委員会設置
2008 年 12 月	エコプロダクツ 2008 で 30 社がカーボンフットプリント付き商品を展示
2009 年 1 月	TC 207/SC 7/WG 2（カーボンフットプリント）の第 1 回会合（マレーシア・コタキナバル），6 月第 2 回会合（エジプト・カイロ），10 月第 3 回（オーストリア・ウィーン）
2009 年 3 月	「カーボンフットプリント制度のあり方（指針）」の発行
2009 年 4 月	TS Q 0010「カーボンフットプリントの算定・表示に関する一般原則」発行
2009 年 9 月	カーボンフットプリント日本フォーラム設立
2009 年 10 月	イオン(株)が三つのカーボンフットプリント付き商品の販売を開始
2009 年 12 月	エコプロダクツ 2009 で 26 社がカーボンフットプリント付き商品を展示
2010 年 2 月	TC 207/SC 7/WG 2 の第 4 回会合（日本・東京）で WD を CD にすることが決定される
2010 年 7 月	TC 207/SC 7/WG 2 の第 5 回会合（メキシコ・レオン）CD の各国からのコメントを調整

界の動きと，国際標準化の動向を示します．2012年ごろに新たな国際規格が発行される見通しになっています．

日本ではこの国際標準化の作業に対応するために，2008年7月に約30の工業会と約10名の有識者からなる国内委員会が設置されました．この国内委員会の議論の結果，日本の意見が国際規格開発の作業に反映されています．

現在提案されているカーボンフットプリントの国際規格は，温室効果ガスの計算方法（Part1：Quantification）とラベルの運用方法（Part2：Comunication）の二つの部分からできています．前者は，カーボンフットプリントの計算方法の基礎となるLCAの国際規格であるISO 14040:2006とISO 14044:2006を参照し，後者はLCAの結果を開示するタイプⅢラベルの国際規格であるISO 14025:2006を参照して作業が進められています．

7.2 国際標準化における議論

2010年2月の東京会合までの議論で，カーボンフットプリントでは商品のライフサイクル全体での温室効果ガスの排出量を計算すること，カーボンオフセットは計算に含めないこと，プロダクトカテゴリールールについては概略をPart 1で記述するがその詳細はPart 2で記述することなどが，各国の合意になっています．また，それぞれの温室効果ガスの排出量をCO_2の排出量に換算するときに用いる「地球温暖化係数（GWP）」には，2007年に発行されたIPCCの第4次報告書で公表されている100年係数を使用することがほぼ合意されています．第2章で紹介したように日本の経済産業省の試行事業では，「カーボンフットプリント制度のあり方（指針）」で，国際的な温室効果ガスの排出削減量を定めた「京都議定書」に

使われている IPCC の第 2 次報告書の地球温暖化係数を使用していますが，これに賛同する国は少ない状況です．国際規格開発にあたって議論されている主な論点を以下に示します．

● **排出期間の設定**

まず，温室効果ガスの排出を計算する期間が議論になっています．英国を中心としてフランスやニュージーランドは，排出を計算する期間を 100 年間に限定し，それ以降に排出される地球温暖化ガスは計算に含めないことを主張しています．これに従えば，例えば家具が 100 年以上大事に使われるなら，木材は大気中の CO_2 を固定しているものとして計算されます．しかし従来の LCA では，木材製品はいずれ燃やされたり朽ちたりするので，CO_2 はまた大気に帰ると考えられてきました．100 年という制限をつけず，遠い将来でも排出されると考えられるものは排出として計算するという考え方です．

排出の期間を 100 年に限定するという考え方は，将来排出される地球温暖化ガスの影響を小さく見るという考え方につながっています．例えば，自動車の CO_2 排出量は長期にわたりますが，将来の排出量を実際よりも小さく見積もるという考え方です．この考え方は，今現在に排出されるのではなく，少しでも排出を遅らせることができれば，それは CO_2 の排出削減として評価すべきだという考え方に基づいています．しかし，従来の LCA では，将来排出されるものも現在と同様の影響があると見なして計算してきました．今までの会議では，従来の LCA のように期間を限定せず計算する方法が大勢を占めています．これは，将来世代へ排出を先送りすることは真の CO_2 の排出削減にはならないと考える国が多いからです．

木材による CO_2 の固定化と同時に，地下への CO_2 の貯留もそれを固定化と見るかどうか議論が分かれています．地下に貯留したと

しても，ずっと遠い将来にそれが放出されない保証がないという主張があります．

●土地の改変に関する問題

日本では話題になることが少ないのですが，森林伐採による農地の開墾など土地利用の変化による CO_2 排出量の算定方法も大きな議論になっています．森林破壊による CO_2 排出をくい止める観点から，土地利用の変化に伴う CO_2 排出量を計算に含めるという意見が多いのですが，それを計算する方法が難しく実際的ではないことと，そもそも植林による CO_2 の固定化をカーボンオフセットであるとして計算に含めないのであれば，森林の伐採による CO_2 の排出だけを計算するのはおかしいという視点もあります．

また，土壌による CO_2 の排出と吸収の計算方法も大きな議論です．今までは農耕地からメタンや亜酸化窒素（N_2O）などの地球温暖化ガスが放出されると考えられてきましたが，耕作方法によっては農耕地に炭素が固定されるという主張があります．土地に関する地球温暖化ガスの計算方法については，まだまだ議論が続きそうです．

●計算方法

計算に含めないことを認めるカットオフの基準を5％にすることや，同一プロセスから複数の製品が算出される場合の温室効果ガスの配分方法を重量基準にするか経済価値基準にするかというLCAの基本的な方法についてもまだ結論が得られていません．そもそも，多様な商品に一つの詳細な計算方法をあてはめるのは困難であることは理解されており，商品群ごとにプロダクトカテゴリールールを決めることが望ましいことは合意されていますので，国際規格ではプロダクトカテゴリールールの決め方を書いておけばよく，あまり詳細な議論は避けるべき思われます．しかし，カーボンフットプリ

ントがプロダクトカテゴリールールを基礎とするタイプⅢラベルの方法で運営することが合意されているわけではなく，先行する英国の例のように商品ごとのプロダクトカテゴリールールがない場合も想定されているので，議論が混乱しています．

● 削除の表示

さらに，カーボンフットプリントを温室効果ガスの削減主張に使うときの方法も大きな議論です．2010年7月にメキシコ・レオン会合で議論された案では，Part 2でこの規格は一つの製品の温室効果ガスの排出量を開示するものなので，削減主張はこの規格の範囲外であると明言していますが，他社製品との比較ではなく自社の旧製品との比較などの具体的な方法を示すべきという意見も多くあります．規格に示すことと，各国がこの規格の運用過程で処理していくことを分けて考えることも必要かもしれません．

● 数値の検証方法

カーボンフットプリントの制度としては，数値の検証の仕方が大きな議論になっています．商品寿命が短く多品種である食品や日用品にカーボンフットプリントを適用することを考えると，数値の検証方法は簡便で安価な方法が望まれます．一方で信頼性の確保も欠かせません．

第4章に述べたように，カーボンフットプリントはLCAの結果を第三者が認証するタイプⅢラベルであると考えることができます．LCAはTC 207のSC 5で，また，タイプⅢラベルはSC 3で議論されてきました．この両者に携わってきた人たちは，数多い製品に対応するように簡便な，それでいて信頼できる検証方法を求めて議論する傾向があります．一方，カーボンフットプリントの新しい規格は，SC 7で作業が進められています．この分科委員会は，地球温暖化対策そのものの評価である企業やプロジェクトの温室効果ガ

スの排出削減量の評価方法を議論してきたので，第三者による厳密な検証を強く要求する傾向があります．カーボンフットプリントの新規格での検証方法の議論はまだ始まったばかりなので，今後の議論の行方を注意して見ていくことが必要です．

● 今後の議論の行方

2010 年 7 月にメキシコ・レオンで行われた第 5 回会合では，タイプⅢにとどまらず，4.3 節で述べたタイプⅠやタイプⅡのエコラベルにカーボンフットプリントを適用する場合の要求事項も新しい規格に含める議論がなされました．CO_2 排出量の削減を主張することも限定的ではありますが，認められる方向に方針が変わりました．また，今までカーボンフットプリントの計算方法を示す Part 1 と，表示の方法を示す Part 2 に分けて議論してきましたが，この両者を一つの規格にまとめることも議論されました．まだ議論の途上であり決まっていない事項が多いのですが，会合を重ねるごとに少しずつ議論を収束させる努力がなされるようになってきました．

今まで，カーボンフットプリントの国際規格に関する議論は，欧州諸国と北米，豪州・ニュージーランド，日本，韓国などが参加して行われてきました．

また，国際規格とは別に，持続可能な開発のための世界経済人会議（WBCSD）と世界資源研究所（WRI）が協力してカーボンフットプリントのガイドラインを作成する活動を進めています．この活動は，世界の経済をリードする大企業の取組みということができます．この活動の代表は国際規格の議論にも参加し，協調して作業を進めることが確認されています．

問題はアジアや中南米のいわゆる発展途上国からの参加が少ないまま国際規格の議論が進められていることです．食品や日用品は，その原材料も含めて発展途上国に多くを依存しています．また，国

内を見ても中小企業が大きな役割を果たしています．先進国の大企業だけが実施可能である国際規格にはほとんど意味がありません．国際規格の今後の作業への発展途上国からの参加が必要不可欠です．発展途上国からの多くの参加が期待されます．

● [カラム 9] ISO/TC 207 の背景

地球環境問題についての世界的な認識は，1972 年 6 月にスウェーデンのストックホルムで行われた「国際連合人間環境会議（United Nations Conference on the Human Environment）」にさかのぼることができます．この会議では，「人は現在および将来の世代のため環境を保護し改善する責任がある」ことが世界的に確認されました．

それから 20 年経った 1992 年 6 月，ブラジルのリオデジャネイロで，「環境と開発に関する国際連合会議（United Nations Conference on Environment and Development：UNCED）」，通称環境サミットが開催されました．このときに「持続可能な開発（sustainable development）」の重要性が世界的に合意されました．

この時に，世界を代表する経済人が集まり，「持続可能な開発のための経済人会議（Business Council for Sustainable Development：BCSD）」を作りました．環境保全と経済的発展の調和を図ることを目的としたこの団体は，国際標準化機構（ISO）に「環境マネジメント」の国際標準化を要請しました．これを受けて，1993 年に設置された環境マネジメント専門委員会が TC 207（技術委員会 207）です．

ISO/TC 207 は，2010 年現在，以下の六つの SC（分科委員会）と二つの作業グループが活動中です．

日本では，多くの企業が「環境マネジメントシステム規格（ISO 14001）」の認証を受けていますが，SC 3 で発行されているエコラ

ベルの規格や，SC 5 で議論されている LCA（ライフサイクルアセスメント）も TC 207 ファミリーの中にあります．また，カーボンフットプリントは SC 7 で規格作りが行われています．今後の企業は，これらを総合的に活用した環境マネジメントを考えることが必要でしょう．

- SC 1：環境マネジメントシステム（ISO 14001 など）
- SC 2：環境監査［ISO 19011（TC 176 と共同）など］
- SC 3：環境ラベル（ISO 14020 など）
- SC 4：環境パフォーマンス評価（ISO 14031 など）
- SC 5：ライフサイクルアセスメント（ISO 14040, ISO 14044 など）
- SC 7：温室効果ガス及び関連活動（ISO 14064 など）
- WG 7：環境側面の製品規格への導入
- WG 8：マテリアルフローコスト会計

第8章

おわりに

　カーボンフットプリントは2007年に英国で始まり，世界に急速に広がっています．日本では，2008年に経済産業省の試行事業が始まりました．まだ数年しかたっておらず，それぞれの国がそれぞれの方法で試行を実施している段階にあります．日本は幸い産業界にLCAへの取組みの長い経験があり，また，カーボンフットプリントで主たる対象の一つになっている食品については日本LCA学会 食品研究会の活動[1]などの学会活動もあり，さらに「エコリーフ」[2]としてのタイプⅢのエコラベルの経験も豊富なので，世界の流れに遅れずに対応することができています．

　第7章で述べたように，2012年ごろにカーボンフットプリントの国際規格が発行される見込みです．世界各国で急速に進められているカーボンフットプリントの制度が，相互に協調しながら，細部においては各国の特殊性を反映した事業として発展していくと考えられます．

8.1　カーボンフットプリントが表示される商品群

　カーボンフットプリントは主としてスーパーマーケットやコンビニエンスストアで消費者が購入する商品に表示し，CO_2排出量の少ない商品を消費者が購入することで事業者のCO_2排出量削減をさらに推進するものと考えられてきましたが，日本の2009年度の試

行事業では,消費者が購入する食品や日用品だけでなく,企業間で売買される商品や再生材料を使った商品のカーボンフットプリントが盛んに実施されました.これには,CO_2 排出量削減に向けて中間財の製造企業が努力している実態と,循環型社会に向けた新規事業開発が背景にあるものと考えられます.中間財と再生材料のカーボンフットプリントは,これからの日本のカーボンフットプリントが得意とする分野として発展するかもしれません.

8.2 カーボンフットプリントの様々な実施方法

日本では,当初の関心の高さに比べて消費者向けの商品でのカーボンフットプリントが拡大しているとはいえません.これは,カーボンフットプリントを表示した場合の消費者の反応がまだ不明であり,現状では費用をかけてカーボンフットプリントを実施するメリットがないと企業が判断していることが背景になっているように思われます.消費者の関心の表明はカーボンフットプリントの制度の今後を左右する大きな要因です.

消費者の反応については,カーボンフットプリントで数値を表示しても,それが大きいのか小さいのか消費者が判断できないとよくいわれます.カーボンフットプリントは,LCA の結果を表示するタイプⅢのエコラベルですから,数値を開示することに意味があり,数値の大きさの判断は見る人に任されています.一方で,消費者はエコマークや省エネスターのマークのように他の商品よりよいことを示すマークに慣れているので,数値そのものを示しても CO_2 排出量が少ない商品の購入が進まないという指摘です.これは,市場に出ている同種の商品の中で CO_2 排出量の少ない商品にだけカーボンフットプリントのマークを付ける方がよいという考え方につな

がります.

　このように，環境によい製品を推奨するタイプIのエコラベルのマークとしてカーボンフットプリントを活用する方法を支持する国はドイツを中心として少なくありません．この方法を実現するためには，現在行われているそれぞれの商品のカーボンフットプリントの計算に加えて，同種の商品の平均的な CO_2 排出量を計算することが必要になります．

　一方で，消費者がカーボンフットプリントの数値の大小を判断できないのは，現在まだカーボンフットプリントを表示している商品が少ないからだと考えることもできます．現在，食品で実施されているカロリー表示のように，あらゆる商品にカーボンフットプリントが表示されるようになれば，消費者もその大小を判断できるようになるでしょう．そのためには，公正な計算ルールとしてプロダクトカテゴリールールを作成し，プロダクトカテゴリールールが異なる商品のカーボンフットプリントの比較は無意味であること消費者が理解することが必要です．

　カーボンフットプリントは 2007 年に英国で，商品のパッケージに CO_2 排出量を直接表示するという方法で始まりました．しかし，パッケージにはマークだけ表示して，数値はインターネット上やパンフレットで開示するタイプIIIのエコラベルの方法や，数値を表示しないで他の商品よりも CO_2 排出量が小さいことを保証するタイプIのエコラベルの方法，CO_2 の排出削減割合だけを表示する方法，削減を約束した商品にマークだけを表示する方法など，様々な方法が提案されています．これらの方法のうち，どれが社会に定着するかは，まさに消費者である我々がどのような情報を求めているかにかかっています．消費者の意見が今後のカーボンフットプリントの方法を決めていくことになります．

8.3　カーボンフットプリントの背景——持続可能な消費

　カーボンフットプリントの背景は，2002年に南アフリカ・ヨハネスブルグで行われたWSSD (World Summit on Sustainable Development, いわゆる地球サミット) にさかのぼることができます．この会合で，「持続可能な消費と生産への転換を促進するための10か年計画」が採択されました．1992年にブラジル・リオデジャネイロで開催されたUNCED (United Nations Conference on Environment and Development：環境と開発に関する国連会議) で合意された生産活動による「持続可能な発展」から，消費を通じての持続可能性の追求が認識されたといえます．これを具体化するための専門家会合が2003年にモロッコのマラケッシュで最初に行われ，その後「マラケシュ・プロセス」として，UNEP (国連環境プログラム) が中心となって「持続可能な消費と生産 (Sustainable Consumption and Production)」に関する活動を推進しています[3]．

　持続可能な消費に関する既存の研究は，衣・食・住を基礎とした様々な場面で，市場に供給された製品や，交通などのシステムの利用に，限られた時間と収入をどのように配分するかという我々の選択が，将来の社会の持続可能性を左右する可能性を教えています[3]．時間はもちろん蓄えることができません．収入は貯蓄できますが，最終的には使用する方向に向かいます．この両者を総合的に，すなわちライフスタイル全体として，持続可能性に向かう方向に進めることが必要です．

　我々消費者が，ライフスタイル全体でCO_2の排出量が少ない行動を選択できるようにするためには，様々な場面でのCO_2排出量を「見える化」することが必要になります．カーボンフットプリン

トは，そのためのツールの一つであり，それはまさに「持続可能な消費」の大きな流れの中の一つの活動と見ることができます．ヨーロッパを中心として消費者の行動の変化に着目した「持続可能な消費」という大きな流れがあることを，今後も注視していくことが必要です．

引用・参考文献

1) 日本 LCA 学会食品研究会平成 19 年報告書，日本 LCA 学会事務局；同平成 18 年報告書，日本 LCA 学会事務局
2) (社)産業環境管理協会ホームページエコリーフ：
   http://www.jemai.or.jp/ecoleaf/
3) 小澤 寿輔，稲葉 敦 (2007)：「持続可能な消費と生産」への取り組みと研究，日本 LCA 学会誌，Vol.3, No.3, pp.144-149

索　引

【A-Z】

B2B　　106
B2C　　106
BCSD　　129
CO_2 の見える化　　16
CO_2 排出量　　14, 22, 80
CO_2 ペイバックタイム　　97
COP 3　　65
EPD　　71
IPCC　　63, 65
ISO 14001　　17
ISO 14020　　70
ISO 14025　　73
ISO 14040　　52, 64, 80, 88
ISO 14044　　52, 64, 80, 88
ISO 14064　　18
LCA　　51, 53
LCI　　57
LCIA　　63
PAS 2050　　43, 82, 89
PCR　　29, 73, 116
PCR 原単位　　84
SCOPE 3　　18
SETAC　　66
TS Q 0010　　28
UNCED　　129, 134
UNEP　　134
WBCSD　　18
WSSD　　134

【あ行】

1 次データ　　82, 115
インベントリ分析　　57
エコデザイン　　19
エコプロダクツ　　28, 33, 41
エコポイント制度　　16, 21
エコラベル　　70
エコリーフ　　71, 119
エネルギーペイバックタイム
　　　　　　　　　　　　97
オゾン層破壊指数　　63
温室効果ガス　　14, 20

【か行】

カーボンオフセット　　91
カーボンニュートラル　　91
カーボンフットプリント制度の
　あり方(指針)　　28, 80
カットオフ基準　　110
カットオフルール　　55, 81
カテゴリインディケータ　　64
環境調和型製品　　19
環境マネジメントシステム
　　　　　　　　　　　　18
企業の低炭素化　　19

気候変動に関する政府間パネル
　　　　　　　　　　63
共通原単位　　118
共通2次データ　　83
京都議定書　　65
グリーン購入　　19
クリティカルレビュー　　70
原単位　　86
国際連合人間環境会議　　129

【さ行】

最終製品　　106
産業連関表　　58
参考データ　　84
自己宣言　　119
システム境界　　59
システム認証　　119
持続可能な開発　　129
資本財　　87, 109
社会の低炭素化　　19
商品種別算定基準　　28, 73
　──策定基準　　28, 80
製品システム　　55
製品バスケット法　　61
総合評価　　64, 66

【た行】

地球温暖化係数　　20, 64

中間財　　105, 107
特性化　　63
　──係数　　64

【な行】

2次データ　　82, 115

【は行】

排出期間　　125
配分　　59, 88
バックグランドデータ　　58, 82
フードマイレージ　　15
フォアグランドデータ　　57, 82
付加的要素　　67
プログラムホルダー　　120
プロダクトカテゴリールール
　　　　　　29, 73, 116, 126
　──委員会　　32
分類化　　63

【ら行】

ライフサイクル　　13, 51, 80
　──アセスメント　　51, 53
　──インベントリ分析　　57
　──影響評価　　63
　──ステージ　　80

稲葉　敦（いなば　あつし）

1981 年　東京大学化学工学博士課程修了
1981 年　公害資源研究所（現・産業技術総合研究所）入所
1984 年　米国商務省標準局火災研究所客員研究員
1989 年　オーストリア国際応用システム研究所客員研究員
1999 年　資源環境技術総合研究所（現・産業技術総合研究所）企画室長
2001 年　同ライフサイクルアセスメント研究センター長
2005 年　東京大学人工物工学研究センター教授
2009 年　工学院大学工学部環境エネルギー化学科教授

現在にいたる．工学博士．
科学技術長官賞（1998），日本エネルギー学会賞（2006）など受賞多数．

カーボンフットプリントのおはなし

定価：本体 1,400 円（税別）

2010 年 10 月 29 日　第 1 版第 1 刷発行

著　者　稲葉　敦
発 行 者　田中　正躬
発 行 所　財団法人 日本規格協会
〒 107-8440　東京都港区赤坂 4 丁目 1-24
http://www.jsa.or.jp/
振替　00160-2-195146
印 刷 所　株式会社 ディグ
製　作　株式会社 大知

© Atsushi Inaba, 2010　　　　　　　　　　　Printed in Japan
ISBN978-4-542-90287-9

```
当会発行図書，海外規格のお求めは，下記をご利用ください．
  出版サービス第一課：(03)3583-8002
  書店販売：(03)3583-8041　注文 FAX：(03)3583-0462
  JSA Web Store：http://www.webstore.jsa.or.jp/
編集に関するお問合せは，下記をご利用ください．
  編集第一課：(03)3583-8007　　FAX：(03)3582-3372
●本書及び当会発行図書に関するご感想・ご意見・ご要望等を，
  氏名・年齢・住所・連絡先を明記の上，下記へお寄せください．
  e-mail：dokusya@jsa.or.jp　　FAX：(03)3582-3372
  （個人情報の取り扱いについては，当会の個人情報保護方針によります．）
```

おはなし科学・技術シリーズ

クリーンエネルギー社会のおはなし
吉田邦夫 著
定価 1,680 円(本体 1,600 円)

燃料電池のおはなし 改訂版
広瀬研吉 著
定価 1,470 円(本体 1,400 円)

ソーラー電気自動車のおはなし
藤中正治 著
定価 1,426 円(本体 1,359 円)

水素吸蔵合金のおはなし 改訂版
大西敬三 著
定価 1,365 円(本体 1,300 円)

石油のおはなし 改訂版
小西誠一 著
定価 1,680 円(本体 1,600 円)

熱エネルギーのおはなし
高田誠二 著
定価 1,260 円(本体 1,200 円)

エネルギーのおはなし
小西誠一 著
定価 1,630 円(本体 1,553 円)

超電導のおはなし
田中昭二 著
定価 1,325 円(本体 1,262 円)

宇宙開発のおはなし
山中龍夫・的川泰宣 共著
定価 1,630 円(本体 1,553 円)

クリーンルームのおはなし 改訂版
環境科学フォーラム 編
定価 1,785 円(本体 1,700 円)

室内空気汚染のおはなし
環境科学フォーラム 編
定価 1,470 円(本体 1,400 円)

快適さのおはなし
宮崎良文 編著
定価 1,155 円(本体 1,100 円)

おはなし生理人類学
佐藤方彦 著
定価 1,890 円(本体 1,800 円)

水のおはなし
安見昭雄 著
定価 1,365 円(本体 1,300 円)

微生物のおはなし
山崎眞司 著
定価 1,732 円(本体 1,650 円)

五感のおはなし
松永 是 著
定価 1,260 円(本体 1,200 円)

湿度のおはなし
稲松照子 著
定価 1,575 円(本体 1,500 円)

温度のおはなし
三井清人 著
定価 1,260 円(本体 1,200 円)

JSA 日本規格協会 http://www.webstore.jsa.or.jp/

おはなし科学・技術シリーズ

バイオセンサのおはなし
相澤益男 著
定価 1,223 円(本体 1,165 円)

おはなしバイオテクノロジー
松宮弘幸・飯野和美 共著
定価 1,325 円(本体 1,262 円)

酵素のおはなし
大島敏久・左右田健次 共著
定価 1,680 円(本体 1,600 円)

農薬のおはなし
松中昭一 著
定価 1,365 円(本体 1,300 円)

塗料のおはなし
植木憲二 著
定価 1,365 円(本体 1,300 円)

接着のおはなし 改訂版
永田宏二 著
定価 1,470 円(本体 1,400 円)

触媒のおはなし
植村 勝・上松敬禧 共著
定価 1,732 円(本体 1,650 円)

化学計測のおはなし 改定版
間宮眞佐人 著
定価 1,260 円(本体 1,200 円)

コンクリートのおはなし 改訂版
吉兼 亨 著
定価 1,575 円(本体 1,500 円)

エコセメントのおはなし
大住眞雄 著
定価 1,050 円(本体 1,000 円)

液晶のおはなし
竹添秀男 著
定価 1,575 円(本体 1,500 円)

不織布のおはなし
朝倉健太郎・田渕正大 共著
定価 1,680 円(本体 1,600 円)

生分解性プラスチックのおはなし
土肥義治 著
定価 1,426 円(本体 1,359 円)

ファインセラミックスのおはなし
奥田 博 著
定価 1,029 円(本体 980 円)

複合材料のおはなし 改訂版
小野昌孝・小川弘正 共著
定価 1,575 円(本体 1,500 円)

ニューガラスのおはなし
作花済夫 著
定価 1,223 円(本体 1,165 円)

分離膜のおはなし
大矢晴彦 著
定価 1,325 円(本体 1,262 円)

ゴムのおはなし
小松公栄 著
定価 1,426 円(本体 1,359 円)

JSA 日本規格協会 http://www.webstore.jsa.or.jp/

おはなし科学・技術シリーズ

新おはなし品質管理 改訂版
田村昭一 著
定価 1,260 円（本体 1,200 円）

おはなし新 QC 七つ道具
納屋嘉信 編
新 QC 七つ道具執筆グループ 著
定価 1,470 円（本体 1,400 円）

おはなしデザインレビュー
改訂版
菅野文友・山田雄愛 編
定価 1,260 円（本体 1,200 円）

おはなし統計入門
森口繁一 著
定価 1,223 円（本体 1,165 円）

おはなし新商品開発
圓川隆夫・入倉則夫・鷲谷和彦 共編著
定価 1,785 円（本体 1,700 円）

おはなしマーケティング
長沢伸也 著
定価 1,470 円（本体 1,400 円）

多種少量生産のおはなし
千早格郎 著
定価 1,050 円（本体 1,000 円）

おはなし統計的方法
永田 靖 著著
稲葉太一・今 嗣雄・葛谷和義・山田 秀 著
定価 1,575 円（本体 1,500 円）

おはなし信頼性 改訂版
斉藤善三郎 著
定価 1,260 円（本体 1,200 円）

おはなし品質工学 改訂版
矢野 宏 著
定価 1890 円（本体 1,800 円）

おはなし MT システム
鴨下隆志・矢野耕也・高田 圭・高橋和仁 共著
定価 1,470 円（本体 1,400 円）

おはなし生産管理
野口博司 著
定価 1,365 円（本体 1,300 円）

おはなし経済性分析
伏見多美雄 著
定価 1,470 円（本体 1,400 円）

おはなし OR
森村英典 著 村井 滉・絵
定価 1,365 円（本体 1,300 円）

おはなし VE
土屋 裕 他著
定価 1,260 円（本体 1,200 円）

おはなし TPM
赤岡 純 著
定価 1,426 円（本体 1,359 円）

PL のおはなし
（株）住友海上リスク総合研究所
大川俊夫 著
定価 1,223 円（本体 1,165 円）

安全とリスクのおはなし
向殿政男 監修／中嶋洋介 著
定価 1,470 円（本体 1,400 円）

JSA 日本規格協会　http://www.webstore.jsa.or.jp/